中国风木作

轻松制作40款生活小作品

〔加〕罗尚·甘尼夫◎著　郑　羿◎译

北京科学技术出版社

免责声明：由于木工操作过程本身存在受伤的风险，因此本书无法保证书中的技术对每个人来说都是安全的。如果你对任何操作心存疑虑，请不要尝试。出版商和作者不对本书内容或读者为了使用书中的技术使用相应工具造成的任何伤害或损失承担任何责任。出版商和作者敦促所有操作者遵守木工操作的安全指南。

著作权合同登记号　图字：01-2018-7778

图书在版编目（CIP）数据

中国风木作：轻松制作 40 款生活小作品 /（加）罗尚·甘尼夫著；郑羿译 . — 北京 : 北京科学技术出版社，2020. 5

书名原文 : Simply Wood

ISBN 978-7-5714-0665-3

Ⅰ .①中… Ⅱ .①罗… ②郑… Ⅲ .①线锯 – 图集 Ⅳ .① TS914.54-64

中国版本图书馆 CIP 数据核字（2020）第 008791 号

中国风木作：轻松制作 40 款生活小作品

作　　者：〔加〕罗尚·甘尼夫	译　　者：郑　羿
策划编辑：刘　超　张心如	责任编辑：刘　超
营销编辑：葛冬燕	封面设计：异一设计
责任印制：李　茗	图文制作：史维肖
出 版 人：曾庆宇	出版发行：北京科学技术出版社
社　　址：北京西直门南大街 16 号	邮政编码：100035
电话传真：0086-10-66135495（总编室）	0086-10-66113227（发行部）
0086-10-66161952（发行部传真）	
电子信箱：bjkj@bjkjpress.com	网　　址：www.bkydw.cn
经　　销：新华书店	印　　刷：北京宝隆世纪印刷有限公司
开　　本：787mm×1092mm　1/16	印　　张：12.5
版　　次：2020 年 5 月第 1 版	印　　次：2020 年 5 月第 1 次印刷
ISBN 978-7-5714-0665-3 / T·1040	

定价：79.80 元

关于作者

我是罗尚·甘尼夫（Roshaan Ganief），在风景秀丽的南非开普敦长大。为了让我获得更加光明的未来，十七岁那年，我随家人移民到加拿大。机会的大门陆续向我敞开。

我从小就下定决心，不论选择哪一行，我都会在艺术道路上走下去。因此，我选择了艺术设计专业。很快我就意识到，我追求的艺术不仅要美观，更重要的是要具有实用性。

八年前，在探索不同的艺术表现形式的道路上，我无意中发现了木工这种绝佳的艺术形式。我很快就迷上了这种新奇美妙的艺术形式，我喜爱木料天然的特性，以及加工木料带来的挑战和丰厚的回报（赏心悦目又实用的作品）。几年之后，当我发现线锯这种工具时，我立刻就喜欢上了它。我对艺术设计的喜爱和对木工的热情交相辉映——你可以在随后的内容里深刻体会到。

自从选择了艺术设计这条路，我发现了许多有趣的东西，获得了很多的工作体验。我曾和一位非常有才华的金属艺术家合作，一起创作了定制茶盒和多种木制家居饰品；我多次参加工艺作品展览，并在咖啡馆和画廊展示我的作品（包括在温哥华当地美

术馆的个人作品展）；我还向一场大型医院筹款拍卖会捐赠了我的艺术作品。为了更好地贯彻自己的艺术路线，我申请开办了一家企业。

我尽可能地自学各种木工知识，但我知道学无止境，所以我经常向更了解木工技艺的专家求教。

后来，我有幸参加了卡莫森学院（Camosun College）的精品家具设计计划（Fine Furniture Program）的课程。在完成这本书的手稿后不久，我就从该课程毕业，并拿到了精品家具设计计划，以及细木工基础课程的资质证书。

如今，我为经营着一家以我热爱

的木材为中心的企业而感到自豪。我有一家小巧而整洁的木工房，我在那里捕获灵感并创作我的艺术。我最喜欢的工作是与客户一起进行头脑风暴，创作定制的、独一无二的作品。就在写作本文的时候，我制作了一套纯手工双六多米诺骨牌和一件定制胡桃木滑盖储物盒。这件定制胡桃木滑盖储物盒对我而言非常珍贵，因为它会进一步加深一对父女之间的亲情！我可以自豪地说，我的那件作品在全美和加拿大都是不可多得的佳作。最近，它在国际上也赢得了不菲的赞誉。

我由衷地热爱用木料进行艺术创作的工作，同时我也希望读者在阅读这本书之后，也能越来越喜欢这种艺术形式！

前言

　　我欣赏各种艺术形式，尤其是有形的、交互式的艺术，当然，具有功能性就更好了。出于这个原因，我非常喜欢摆弄木材，并用其制作可以满足日常生活需要的功能性木作。当我看到有人欣赏我的作品并每天使用它们时，我感到非常高兴和满足。

　　这本书介绍了 40 件木工作品，这些作品不仅能带给你制作的乐趣，而且使用效果也会令你满意。我为其中 20 件作品的制作过程配备了详细的步骤照片，并为每件作品提供了备选的图样。大部分图样略做修改就可以用于其他作品的创作。例如，如果你想要一套带兰花图案的家居饰品。虽然在这本书中的兰花主题的作品只有相框、灯架和纸巾盒，但你可以通过复印机将图案放大或缩小，或者调整各处线条，从而获得墙壁装饰、杯垫、烛台等饰品需要的图样。组合的方式是无限的。

　　你还会注意到有几个主题是作为线索贯穿全书的，我会重点介绍它们。举几个例子，我的有些设计适合欣赏东方美学的人，有些适合那些热爱植物的人，有些设计适合几何爱好者，还有一些设计十分感性。为了能够制作各种主题的作品，你需要一定的基本功。

　　我坚持易于初学者上手的技术风格，也保留了一些能够激发线锯操作者和木匠灵感的有趣作品。我相信每个人都会在这本书中找到自己感兴趣的作品——因为我在制作这些作品的时候度过了一段难忘的时光。能够有机会与大家分享我的设计，我很兴奋。祝大家玩得开心！

罗尚·甘尼夫

导读

本书中的作品可以根据它们的用途进行分类：个人配饰、家居装饰、墙饰和办公配件。

正如我之前提到的，这些作品包含几个主题。如果你希望家居或办公室有一个和谐统一的外观，可以尝试使用某个主题制作一些作品。

圆圈

这组主题的特色是圆形浮雕。圆形图案经常出现在日常生活中，包括夏季空气中飘浮的彩色肥皂泡、海洋表面的泡沫、太阳、月亮，甚至我们自己的星球。圆形也非常具有现代感，这类设计很适合现代的精致家居。

方格

这些棱角分明的设计容易让人联想到日本将棋、蚀刻素描，以及几何造型。试试这些主题，给你的家居增加一点棱角。

凯尔特风格

我一直对凯尔特风格的各种形状和图案着迷。加上一些自然流畅的旋转元素，凯尔特风格很快成了我最喜欢的风格之一。这些主题图案能为你的家居增添一些爱尔兰风情。

东方风格

我喜欢这些东方设计中简洁而有内涵的线条。不论你是佛教徒、锦鲤文化的追随者，还是中国生肖文化的粉丝，你都能在这里找到适合你的作品。

昆虫

昆虫是自然界的重要组成部分。我特别喜欢蝴蝶、蜻蜓和蜜蜂那样脆弱的美丽和优雅。如果你有一片花园来吸引蝴蝶，你看着后院池塘，迫切地等待着今年第一只蜻蜓，或者用心观察一个蜂巢，你一定能够找到喜欢它们的理由。

植物

玫瑰盛开时的美丽曲线，竹子的刚性线条，樱树和兰花优雅高贵的花朵——所有这些复杂的元素在这个分类中都可以找到。当你制作这个主题的作品时，这些植物的美丽造型会被你带入家中。

题词

致艾尔莎，你不朽的精神。

致谢

感谢我的家人和朋友，他们自始至终坚定地相信我和我的技艺，你们无悔的支持和鼓励帮助我向着更高的目标迈进。

特别感谢我的祖母，你是我见过的内心最强大的人。你的精神时刻感染着我，为我带来灵感。我爱你，祖母。

感谢马文·马歇尔（Marvin Marshall），我最爱的房东，你为我提供了制作木作的场所，并容忍我的工作室里木屑纷飞。对我而言你是特别的存在。

感谢玛缇卡·吉拉克（Martica Jilek），你总是乐意帮助我，不论是多么琐碎的事。你是一个能够忍受各种繁重工作的勇士。

感谢卡姆·拉塞尔（Cam Russell）和肯·冈特（Ken Guenter），他们是我在卡莫森学院遇到的才华横溢、知识渊博的导师，他们教会了我宝贵的专业技能，使我取得成功。

感谢福克斯佳博出版社的每一个人，特别感谢佩格·库奇（Peg Couch），他看到了这本书的市场潜力并将其转变为现实。

最后特别感谢艾尔莎·楚（Elsa Chu），你是这本书的中坚力量，非常感谢你投入大量时间拍摄步骤图，将我的手稿输入电脑，完成校对，将所有内容整理得井然有序。我永远感激你做出的贡献！

目录

第一章
入门

　　作为线锯爱好者的入门指南，本章将为你介绍所需要的各种知识。我会指导你掌握一些重要的安全措施，这些措施不仅适用于线锯操作，也适用于其他木工操作。我会重点介绍最基本的工具和装备，并提供一些个人建议，以帮助你获得满意的线锯操作体验。为了让你能够顺利完成作品的制作，我还列出了一份清单，你可以据此检查日常物品的准备情况。比如胶水、砂纸和线锯锯片，这些存在耗损、需要每次及时补充的材料。你还需要测量工具、标记工具和一些必要的手工工具，对于这些工具，我同样提供一份完整的清单。同时，我还提供一些可选项，包括使用实木板和胶合板的区别。我还介绍了一些有趣的替代材料，例如亚克力板，这种材料易于用线锯锯切，只是需要额外考虑一些因素，比如锯片选择和线锯的设定速度。我还介绍了一些我觉得使用起来效果不错的技术。我相信你会通过这一章的学习打下坚实的基础。享受线锯吧！

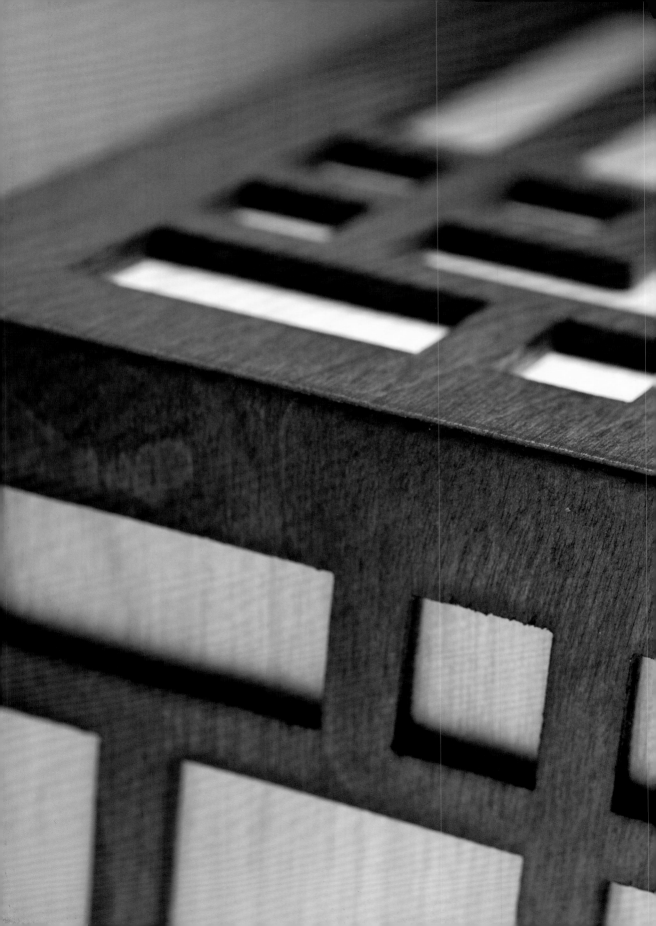

安全贴士

在木工房工作，安全是首要考虑的因素。当你进入木工房时，应当佩戴一副防护眼镜或护目镜来保护眼睛，佩戴防尘面罩或防尘口罩来保护肺部，佩戴一对耳塞或耳罩来保护耳朵。这些都是对木匠来说重要的安全和健康装备。

防尘

虽然线锯是木工房最安全的电动工具之一，但仍有一些重要的安全规则需要遵守。在使用线锯时，首要的一条，就是注意产生的锯末总量。锯末可能不会立刻产生影响，但是从长远来看，它可能会导致严重的疾病。为了杜绝这种隐患，请确保你配备良好的集尘系统，包括一台优质的空气净化器以清除空气中大部分微小的有害颗粒。不论是否安装了这样一个系统，佩戴一个优质的防尘面罩都不失为一个好主意。我佩戴的是由美国国家职业安全与健康研究所（NIOSH）认证的一次性防尘面罩，上面带有一个呼气阀，可以有效防止护目镜起雾。

护目

另一个重要的安全问题是，飞溅的木屑可能击中你眼睛和脸部。在木工房中，随时佩戴护目镜极其重要。你需要定制安全眼镜（这会非常贵）或者护目镜（较为便宜但也能提供有效的保护）。护目镜还可以舒适地佩戴在你的定制眼镜上。当你操作台锯、车床和电木铣，或者任何有可能将木料反向抛向操作者的机器时，

在你开始切割之前，请务必确保佩戴防尘面罩、护目镜和耳罩！

你还应该佩戴面罩加强防护。它不仅可以保护你的眼睛，还能保护你的脸部和颈部。

降噪

尽管线锯并不是噪声很大的机器，但如果你长时间坐在线锯旁边，噪声问题是不能忽视的。佩戴一副舒适的且降噪级别很高的耳塞或耳罩，能有效防止长期暴露在嘈杂环境中引发的渐进性听力丧失。

全面防护

除了佩戴安全装备，操作线锯时也需要十分小心。首先，在疲劳、注意力不集中或者因为饮酒、服药的影响意识模糊时，请勿操作线锯。线锯虽然不会切断手指，但也会留下永久的疤痕，所以要时刻小心并注意双手的位置。此外，请摘下所有悬挂类的首饰，比如手镯、手链，穿长衣长裤并把头发扎起来——以免它们被卷进运行的机器中。在工房操作线锯和其他机器时，要确保光线充足，以防止眼睛疲劳导致受伤。最重要的是，要认真阅读所有的电动工具使用手册，掌握正确使用和维护机器的方法。

当进行特定的表面处理操作时，应当采取相应的防护措施。比如，当你通过喷涂完成表面处理时，需要在通风良好的区域操作，并戴上配有有机蒸汽滤筒的呼吸面罩；一定要佩戴防护手套，特别是在处理染色剂时。我推荐丁腈手套，虽然这种手套更贵一些，但它不仅比乳胶手套和乙烯手套更舒适耐用，还可以更好的阻隔挥发性物质且不易撕裂或磨穿。

工具与设备

我的木工房配备了多种工具和设备，其中几种常用工具起到了很大作用，比如台锯、台钻和线锯。有了这三种机器，你的线锯作品可以制作得非常精美。

台锯

使用台锯，可以制作各种各样精致复杂的木作，尤其是一些需要精细接合的木工作品。它可以切出方正的边角和直棱，并且借助机器上的辅助靠山可以同时切割多个相同尺寸的部件。我建议你根据需要选择一款优质台锯。下面列出了几种常用台锯。

便携式台锯体积小且易于携带，最适合普通手工爱好者。这种台锯有时也用于建筑工地。它是三种台锯中最便宜的，也是最不耐用的。

包工型台锯是一种外观漂亮的中型台锯，深受木工发烧友和专业家具制造商的喜爱。它比标准台锯价格低，同时比便携式台锯耐用，兼具另外两种台锯的优点：便携式台锯的便携性与标准台锯的耐用性。

标准台锯是一种大型固定式台锯，需要比前面两种台锯更大的空间和功率的电机。它通常用于橱柜加工车间，木工发烧友和专业木工经常会选择这种台锯。

台钻

虽然台钻有时看起来用处不大，但它是用线锯制作木工作品的过程中不可或缺的一部分。它的作用虽然单一，但完成效果很好，台钻可以在木料、金属、塑料上钻出精确的垂直孔，这是制作精美的镂空作品必不可少的。

我有一台基础款的台钻，虽然现在想来我本该多花些钱给它升级——添加一个齿轮齿条传动装置，使工作台易于升降，以及附加一个鹅颈灯，以防止眼部疲劳。由于台钻对可安全使用的钻头存在尺寸限制，所以一个精密的支杆夹头就成了扩展功能必不可少的附件。这种附件可以固定小钻头，从而允许你在大型台钻上安全使用小钻头。台钻是一种精密的机器，可以对精细的木工作品完成最为细腻的加工。但要记住，务必把主轴转速调整为钻头制造商建议的速度。

线锯

这些年，我试过不同的线锯——每一种都是预算内能负担得起的最好的机器。我现在使用的是喉部深度为 20 in（508 mm）的得伟牌（Dewalt）线锯，它的锯片张力系统和调速按钮非常好用。得伟牌线锯整体坚固，运行平稳，使用时噪声很小，并且更换锯片非常轻松。它几乎不需要维护，只要每次用完后把木屑吹掉或者用真空吸尘器把木屑吸走即可。大部分的线锯还是需要定期维护的，包括定期润滑，有些线锯甚至需要更换部件。因此，不论你购买了哪种线锯，都要通读该线锯的使用指南，按照制造商的要求进行维护。记住，当不再使用线锯时，请释放锯片上的张力。

其他设备

在制作本书中的作品时，还需要下面列出的工具。在介绍每件作品的制作步骤之前，我给出了所需的工具和材料的清单，以及切割清单。

电动工具：

· 电木铣
· 斜切锯
· 不规则轨道砂光机

· 带各种尺寸钻头的手持式电钻
· 电熨斗

测量和划线工具：

· 卷尺
· 金属尺
· 组合角尺
· 三角板
· 钢角尺
· 铅笔
· 划线锥

手工工具：

· 各种尺寸的夹子
· 凿子
· 木槌
· 棘轮螺丝刀
· 美工刀
· 剪刀
· 热胶枪
· 油灰刮刀
· J 形辊
· 胶辊

木工房的必需品

每个木工房都需要常备一些物品以保证作品及时完成。如果你经常为了去五金店买配件而暂停制作进程，将会浪费很多宝贵的时间。所以，在开始制作前，要检查并确认已准备好所有必要用品。特别是一些易耗品，可能会在上一件作品制作完成后耗尽，比如胶水、线锯锯片、砂纸、钉子和表面处理产品等。

胶水

　　胶水种类繁多，选择不是问题。在制作线锯作品时，我通常会选择几种特定的胶水，每一种胶水都有特定的使用场合。

　　聚乙酸乙烯酯或 PVA 胶，俗称"白胶"，是我最常用的胶水。这种胶水用胶辊很容易涂抹，能够留下很细的胶合线，而且很容易用水清洗，凝固之后也很整洁。但是，千万不要用湿毛巾擦拭作品上多余的白胶，因为这种胶水能起到密封剂的作用，有效防止任何染色剂或其他表面处理产品的渗入。我建议你等待其干燥 10 分钟后，用凿子刮去多余的胶水。

　　聚氨酯胶作为一种防水胶，适合用于对抗较大湿度的作品，比如杯垫。这种胶会在有水的情况下固化，但它需要至少 4 个小时的机械夹紧，并会在固化时发泡，需要填充孔隙。请谨慎使用聚氨酯胶，以防止胶水泡沫进入易碎的切割区域。在通风良好的环境下使用胶水，并戴上手套以保护皮肤。

　　雾状喷胶非常适合将纸样粘贴到木料表面，我用的这款 3M77 几乎可以黏合任何两种材料的表面，包括纸板、织物、金属、木头等材料。注意确保在一个通风良好的环境中使用喷胶，并确保两个要黏合的表面没有污垢和灰尘。当使用喷胶临时黏合表面时，只喷涂一个表面即可；如果需要持久的黏合效果，那么两个表面都需要喷涂胶水。

　　有机硅黏合剂常用于含有丙烯酸材料的作品的制作。本书中介绍的含有丙烯酸的作品是两面粘连的，所以我需要的是可以自流平并干透的有机硅黏合剂。我使用的是一种高强度、多功能的黏合剂，名为 E6000。我在制作樱花古典风灯时使用了这种黏合剂（见第 75 页）。

胶水：在这本书中，需要各种各样的胶水来完成作品制作

线锯锯片

　　锯片的选择取决于以下一些因素：木料的厚度和密度；是否需要快速去除废木料或者切割得更干净；作品的复杂程度。如果条件允许，应尽可能使用大的锯片，锯片尺寸越大，做出的成品越好。归根结底，你的选择取决于哪一种锯片效果最符合你的要求。

　　我建议你选择几种不同的锯片类型进行测试，掌握它们的性能特点。我试过不同类型和品牌的锯片，得出的结论是，奥尔森（Olson）牌的反向齿间断锯片最适合我的作品制作要求。这些锯片切割速度快，切出的边缘清晰，且不

一个容易制作且实用的线
锯片收纳器

会在木料底部导致毛刺和撕裂。

无论你选择哪种类型的锯片，它们的尺寸都是通用的，从 3/0 号（最小的）到 12 号（最大的）。拥有各种尺寸的锯片能让你朝着正确的方向前进。我用一块回收的废木料和一些干净的塑料储存管制作了一个非常简单实用的锯片收纳器。只需在废木料上简单地开几个孔容纳储存管，然后在每个储存管上标注锯片的尺寸、类型、品牌名称，把锯片装进去。如果储存管是透明的，你可以一目了然地看到哪些锯片快要用完了。

砂纸

在本书中，我会使用各种类型的砂纸和磨料。不同的砂纸有各自的特点，打磨效果也存在差别。这些差别是由沙砾类型、衬底材料和所用黏合剂的种类造成的。

氧化铝：用这种磨料制作的砂纸是我最常用的。这种磨料较为易碎，当它受热或受压时，颗粒会破碎成较小的碎片，从而产生新的刃口。这种特性使其可以更持久地使用，而且十分适合快速去除材料。

石榴石：这是另一种常见的磨料。作为一种天然材料，它的颗粒不易碎。这种产品的一个优点是，它可以在打磨的同时抛光木料，使木制品的表面处理涂层分布得更加均匀。在进行表面处理之前用石榴石砂纸打磨木制品是一个不错的选择。

碳化硅：这种磨料通常用于湿干砂纸中，是用防水黏合剂将颗粒粘到砂纸的衬底材料上的。这种砂纸用于在连续喷涂过程中，对油基表面处理产品的涂层黏合表面进行打磨。我通常会选择 600 目的砂纸。

其他耗材

这些是制作本书中的作品常用的耗材。

· 胶棒
· 各种螺丝
· 封边条
· 双面胶带
· 遮蔽胶带
· 透明胶带
· 手套
· 泡沫刷
· 自选染色剂
· 自选表面处理产品
· 抹布或蓝色毛巾

木料的选择

实木板和胶合板都是可用的材料，如何选择取决于个人的喜好和需要。做一些调查研究可以帮助你做出明智的决定，这个过程其实很简单，与同行聊聊天或者上网搜索都是简单易行的办法。不过，最好的方法是两种材料你都试试，找到最适合自己的。

胶合板

你可能已经注意到，这本书中许多作品的材料都是波罗的海桦木胶合板或"贴面板材"，后者是我的才华横溢的家具导师起的名字。胶合板有一些优点，它容易获得且价格便宜，而且胶合板的厚度都是加工好的，不需要额外花时间对材料做预处理。对于像我这种工具不齐全，无法通过锯切、用平刨处理和刨平实木板来得到理想厚度的人，胶合板会非常好用。胶合板是一种尺寸足够大的人造板，省去了把狭窄的实木条胶合到一起，以获得足够宽的实木板的操作。胶合板还是一种特别稳定的材料，很少或不会出现形变，特别是在一组接合部件的纹理彼此垂直时，例如，垂直纹理的桌腿连接到水平纹理的桌边挡板上，这是家具制作过程中的一个关键问题。

虽然有这些优点，但胶合板缺点也很明显，即不同单板之间由于纹理彼此垂直，导致胶合板的边缘不够美观。不过在特定的木作作品中，这种边缘可能非常有吸引力。用来掩饰这种边缘的方法主要有两种，一是贴上一面带有胶水的封边条，并用电熨斗处理使胶水释放出胶黏性，一是用薄薄的实木封边条封闭木板边缘

胶合板容易获得，几乎没有形变的问题，而且板材尺寸足够大，但其边缘往往不够整齐美观

（你需要将实木切割至所需尺寸）。出于方便的考虑，我选择用封边条修饰边缘。胶合板的另一个缺点是，这种材料的厚度只有标准规格的，一定程度上限制了你的创造空间。从这方面来说，实木板是个更好的选择。

实木

相比胶合板的方便，实木是一种很好的自然资源，有各种各样的木材品种可以选择。硬木具有大气的纹理和漂亮颜色，不需要使用染色剂或油漆额外处理。实木板的边缘和其表面一样美观，也不需要花费太多时间修整。但使用实木板一定要考虑木料的纹理走向，以及胶合时木材形变的影响。

如果你想获得硬木的外观，但又不想花一大笔钱，你可以自己制作贴面板材。在胶合板基底的上表面和下表面分别胶合一层用实木切削的薄薄的板。作为基底的板材可以是胶合板、廉价的实木板或者中密度纤维板（MDF）。

实木板种类繁多，并且外观漂亮，只是价格较为昂贵

其他材料

对线锯来说，木材并不是唯一可以加工的材料，还有其他许多材料也可以用线锯锯切并且外观同样精美。这些材料大多很容易找到，甚至在文具店就可以买到，如不同重量的纸、一些金属材料，以及用于台面制作的亚克力和其他坚固的表面材料，这里仅举几例。

亚克力

在本书中，我也会用到亚克力，这是我最喜欢的替代材料之一。这种产品有丰富多彩的颜色、不同的密度、从透明到不透明的色泽，以及各种厚度。由于这些特性，你可以用亚克力制作各式各样的作品。例如，你可以用磨砂

在这本书中，我们会用到各种有趣的材料，包括托梁衬里、亚克力和芬兰桦木胶合板

效果的白色亚克力制作橱柜的门板，为其增添些许现代感。在用线锯进行锯切时，注意考虑锯片的选择和速度设置这些因素，只要设置得当，切割亚克力会像切开黄油那样简单。不过，经过切割的亚克力会留下锋利的边缘，使用时应格外小心。

托梁衬里

我接下来要介绍的材料是一种常用于管道系统的金属板，它被称为托梁衬里，可以在家居装修商店的管道售卖区找到。我不会用线锯锯切托梁衬里，而是将其作为背衬材料使用。如果你想在木工作品中使用它，需要准备一款铁皮剪、一支黑色记号笔和一副工作手套。在与木材结合使用时，这种材料能够产生极强的现代感，视觉效果令人惊叹。

芬兰桦木胶合板

虽然接下来我要介绍的还是一种木材料，但由于它具有更小的厚度——$\frac{1}{32}$ in（0.8 mm）和 $\frac{1}{16}$ in（1.6 mm）——这种材料具有大多数木材所不能具备的性能，既可以随意地进行弯曲和卷曲。这就是芬兰桦木胶合板的魅力。这种材料是一种树脂黏合的胶合板，本身具有防水性，更重要的是，它具有极强的韧性和无与伦比的强度。由于这是一种特殊材料，因此需要找到供应商才能购买。如果当地没有供应商，可以通过网络供应商获得。这是一种可塑性很强的有趣材料，你可以使用它创作出许多富有创意的作品。

技术

每个木工都会采用独特的技术来有效地完成木工作品，包括使用不同的夹具和固定装置，使某些步骤完成起来更加轻松。在下面的章节中，我将为大家介绍成功制作木工作品的技术和一些实用技巧。同时，展示我最喜爱的表面处理产品和表面处理技术。

放大图样

大部分的壁挂艺术图样都需要放大，有时这是一个乏味的拼接过程。处理这个问题的一种方法是，按照图样模板以给定的比例放大。一种简单易行的替代办法是，使用家用电脑和三合一打印机放大图样。先将图案扫描到电脑上，然后在屏幕上打开扫描图像。在打印之前，把打印机设置为海报模式，并设置希望打印的图像尺寸和数量。我通常会选择 2×2 的页面大小，分四页打印图样，以获得放大的图样。制作大图样是一个简单的过程，沿虚线进行切割，然后将图样与匹配的部分粘在一起即可。

堆叠锯切

有多种方法可以在一次切割多个部件临时将材料堆叠在一起。较便捷的方法是把遮蔽胶带贴在堆叠材料的侧面将其固定到位，也可以用热胶枪堆叠材料固定到位。还有另一种方法，是在各层材料之间粘贴双面胶带或打钉将其固定到位。在尝试了几种方法后，我发现选择哪种方法很大程度部取决于部件本身。例如，当我需要材料边缘干净方正时，我会选择遮蔽胶带法堆叠材料。当我想把一个部件连接到另一部件上时，例如在制作相框作品（见第 47 页）时，我会使用双面胶带法。如果无须考虑材料边缘是否整齐，我会用热胶枪将材料堆叠到位，如在制作书签作品（见第 33 页）时。你可以尝试所有的方法，看看哪种方法最适合你的需求。

材料预处理

对于本书中的大多数作品，我会用台锯进行切割，将包括图样坯料在内的所有材料切割为清单上所需的精确尺寸。因为这样做能保证切割精度，而大部分作品对精度要求很高。在贴上图样之前，我还会在部件上切割一些斜角。如果需要，我会用一个简单的直角对齐夹具（见第 182 页）和双面胶带将各层材料的斜角部分对齐后固定，为锯切做准备。在粘贴图样之前，我会将部件表面轻轻打磨光滑，以便更好地粘贴图样。在通风良好的地方，用雾状喷胶临时将图样粘到材料表面。我喜欢接下来在图样的顶面贴上透明胶带。因为在切割时，胶带会部分熔化，起到润滑锯片和减少摩擦的作用，有效地防止木材燃烧。胶带还能稳定图样，防止因喷胶不足导致图样翘起。

钻取起始孔

在钻取起始孔时，应尽量选用最大直径的钻头。我喜欢在尽可能靠近边角的地方钻孔，以缩短起始孔到图样线的距离，并延长锯片的使用寿命。在台钻上使用精密支杆夹头，正如工具与设备部分介绍的（见第 5 页）那样，用来固定精度要求高的和复杂的作品所需的小钻头。在钻孔时应将一块废木板垫在下面，以防止木板的背面因为钻孔产生撕裂。最后打磨去除因钻孔产生的毛刺或凸起，将部件背面处理平整。

调试

在开始用线锯锯切之前，确保所有的要素都已经准备就绪——就像进入汽车后确保你的座位和反光镜都已调试到位那样。

1. 装入合适的锯片后，然后像调试吉他弦那样小心地调整锯片的张力，直到你听到悦耳的C调高音。还有一种方法，你可以轻轻地从前向后推或从一侧向另一侧推动锯片。如果张力合适，锯片会出现大约⅛ in（3 mm）的侧面形变。

2. 接下来，检查锯片是否垂直于台面，可以使用2 in（51 mm）的钢角尺检查并调整锯片，使其垂直于台面。

3. 在所有台面参数调整完成后，现在要调整你的操作姿势以适应台面。确保你的座椅高度已调整到位，以便你的肘部可以舒适地放在台面上。

4. 接下来，确保你的坐姿竖直，没有偏向任何一侧。

5. 开始操作前请放松，保持正常的呼吸节奏。

锯切图案

一般情况下，我们应首先从中心开始内部切削，然后按照图样路径逐渐锯切到外部边缘。你也可以首先切最小、最精细的部分，留下靠近边缘的较大部分之后锯切——这样可以留下较大的表面作为支撑。手的位置也十分重要，特别是在锯切精细部件时。以一只手作为支点，用另一只手移动部件。确保把一个手指按在精细部分，以提供足够的支撑防止部件碎裂。如果你发现部件出现振动，存在碎裂的风险，可以用透明胶带将它们固定到位。

打磨

打磨是大多数人最不喜欢的步骤，因为它是一个累人且乏味的过程。为了使打磨过程更加高效，同时减少痛苦，我制作了两种简单实用的打磨夹具。

为了打磨部件的边缘，就像在吊坠作品中（见第17页）中那样，我制作了一个简单的方形打磨夹具。这个夹具可以让你轻松打磨部件的边缘和末端，同时可以保持边缘的方正。在附录部分第179页，我详细介绍了制作这种夹具的步骤。

在打磨小部件的表面时，把部件按在砂纸上打磨比将砂纸按在部件表面打磨更容易，这样打磨也更有效率，同时还能防止手指被磨伤。为此需要准备一块非常平滑的胶合板或中密度纤维板（最好是一块厚玻璃），喷胶和各种目数的砂纸（我推荐150目、180目和220目的砂纸）。只需把不同目数的砂纸切成相同的尺寸，按均匀的间隔将其平铺在木板或玻璃板上。用

打磨起始孔：在钻出起始孔后，一定要打磨木板的背面，这样才能保证木板在线锯台上平滑地移动

喷胶将砂纸贴在板上，保持颗粒面朝上，这样可以方便地在砂纸上移动部件，也可以用这种方式整平不平滑的盒子底面。

多级打磨夹具：使用喷胶将砂纸贴在完全平整的胶合板、中密度纤维板或玻璃板上，这样你就拥有了一个易于使用的打磨的工具

表面处理

糟糕的表面处理会使一块漂亮的木工作品毁于一旦。必要的专业知识和操作经验能为你带来预期的效果。

我选择使用一种油类产品，比如沃特科丹麦油（Watco Danish），用来保持硬木中的天然成分。在线锯切口表面涂抹油的简单快速的方式是将部件浸入装有油的铝箔盘中再取出。然后，让多余的油滴回到盘中，并把涂好油的部件放在干燥架上晾干。晾大约 20 分钟，用抹布擦去部件上多余的油。接下来，用油浸润 600 目的湿干砂纸，用来擦拭部件表面。我不会在任何染色部件上使用油类产品。

我主要使用水溶性染料为波罗的海桦木胶合板上色。然后，我会用半光亮的聚氨酯喷雾漆处理部件表面，为其提供保护。那么色素和染料有什么区别呢？色素具有固体颗粒，它会留在木料的气孔、划痕和缺陷处，并使这些瑕疵变得更加明显，产生难看的带有斑点的外观。为了尽量避免这种结果，建议对未做过表面处

理的木料进行预染色处理。

染料是透明的染色产品，并能浸入木纤维中，使产品颜色层次更加丰富，色彩更为均匀。水溶性染料的问题是它会导致实木起毛刺，所以在用染料染色前应采取必要的措施。没有什么比因木纤维毛刺而破坏一件完美的作品更令人沮丧的了。所以，在作品被打磨光滑后，用带水的抹布擦拭部件，故意诱发毛刺，待木料干燥后，用 320 目的湿干砂纸轻轻打磨，直至所有毛刺被打磨掉。接下来，再次重复此步骤。完成这些步骤后，就可以用染料为部件染色了。

在为完成的部件涂抹任何色素或染料之前，应使用与部件材料相同的木板制成 4 in×4 in（102 mm×102 mm）的大小，在上面涂抹相应的染色产品，制成分步色阶板，为后续处理部件提供精确的颜色参考。

第二章
个人配饰

　　在本章，我会介绍一些有趣又时髦的个人配饰，其中一些是可以穿戴的，还有一些则用于私密用途。无论你是想要一个配饰来彰显自己的美丽或帅气，或是只想要一个独特的书签来记录你的读书进度，你一定能找到适合你的完美配饰。需要准备一份独特的礼物参加派对？一个能带来惊喜的梦幻皮带扣怎么样？只需几个小时或更短的时间，你就可以轻松地制作一份这样的礼物，你需要的原料只是一些边角废料和一些容易买到的专业硬件。本章还包含许多额外的内容，比如制作某些作品所需配件指导教程。举个例子，书中提供了为吊坠制作一根可调节皮绳的详细步骤。我还演示了如何只用圆木棒或定位销和一对钢丝剪为耳环和钥匙链制作个性化的开口环。如何用定制的个性化模板为你的书签增色呢？在接下来的几部分，你可以找到所有需要的信息。让我们开始吧！

吊坠

工具和材料

- 台钻
- 钻头，直径 ⅟₃₂ in（0.8 mm）和 ³⁄₃₂ in（2.4 mm）
- 精密支杆夹头
- 迷你夹
- 热胶枪
- 胶棒
- 透明胶带
- 木工胶
- 喷胶
- 砂纸（150~220目）
- 钳子
- 2/0 号、2 号和 5 号反向齿线锯锯片
- 皮绳
- 开口环（可选）
- 染色剂（可选）
- 自选表面处理产品
- ⅛ in（3 mm）厚的胡桃木（足够容纳图样且略有余量）
- 胶辊
- 木制螺丝夹
- 白色彩铅笔
- 划线锥

蝴蝶是迷人的小动物。它们颜色鲜艳，翅膀造型优雅，是许多人尝试模仿的艺术形象。我希望通过这款吊坠捕捉这种美丽。我为这件作品选择的是我最喜欢的木材之一——胡桃木。

另一款可选的图样设计叫作"三口之家"。我设计这个图样是想表现一个家庭的关爱与和谐美满。一系列连接的圆和优美交织的曲线构成了人的轮廓线，数字 3 代表了圆圈或家庭成员的数量。这款吊坠的坯料是从富含卷纹的枫木板上切下的，并涂抹了三层丹麦油进行表面处理。它一定会成为你送给所爱之人的一份珍贵礼物的。在吊坠成型后，我同样展示了为其系上可调节皮绳的步骤。我所用的皮绳长度为 36 in（914 mm），你可以根据需要制作任何长度的皮绳。

蝴蝶吊坠图样
按照 100% 的比例复印

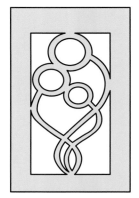

三口之家吊坠图样
按照 100% 的比例复印

蝴蝶吊坠的制作步骤

1. 将图样固定到木坯料上

轻微打磨木坯料的正面，以便图样可以牢牢黏附在木料表面。使用喷胶来粘贴图样。

2. 钻取起始孔

推荐使用安装有精密支杆夹头的台钻或者带有台钻接口的琢美（Dremel）电磨，确保钻头可以垂直钻入木料。钻孔后要打磨或刮掉木坯料背面的所有毛刺和凸起。

3. 从中间开始锯切

将锯片穿入一个起始孔中，完成所有内部锯切。因为这个部件十分脆弱，所以请放慢线锯锯切的速度，并保持稳定的进料速率。

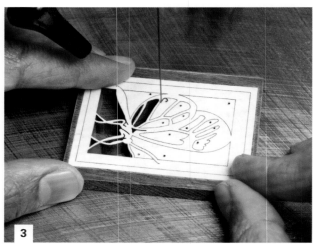

4

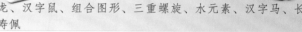

龙、汉字鼠、组合图形、三重螺旋、水元素、汉字马、长寿佩

5

6

4. 将侧面打磨方正

使用 5 号反向齿线锯锯片锯切出吊坠的大致轮廓，然后用一个简易的边缘打磨夹具（见第 179 页），将吊坠的每个侧面打磨方正。将四边打磨方正非常重要，以确保钻出的穿绳孔准确对齐。

5. 标记穿绳孔

使用木制螺丝夹将吊坠固定在工作台边缘，确保部件的侧面平行于台面。倘若吊坠用的是胡桃木，那就用白色彩铅笔在吊坠边缘标出中心点。用划线锥在中心点戳出凹孔，用作钻头的引导孔。

6. 钻取穿绳孔

在中心标记处小心钻出一个 $3/32$ in（2.4 mm）的孔。为防止钻头撕裂木料，可以只钻入一半的深度，然后翻转工件，从另一侧标记的中心点钻入，完成剩余一半的钻孔。打磨并柔化吊坠的所有边缘表面，直至获得光滑的表面。

7. 用皮绳打一个可调节的活结

选用透明清漆完成吊坠的表面处理之后，将皮绳穿过钻孔并打一个可调节的活结（见第 20 页）。你也可以在吊坠正面钻孔，并通过一个开口环与皮绳连接。

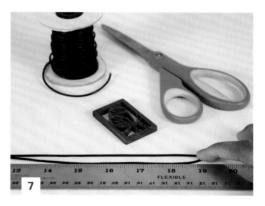

7

制作可调节的绳结

这个过程可能乍一看有些棘手，不过一旦你掌握了方法，并勤加练习，可调节绳结的制作并不费力。

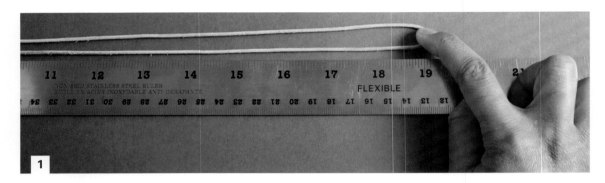

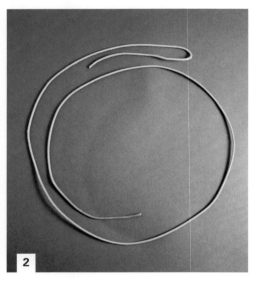

1. 测取一段皮绳

你需要一段长 28~36 in（711~914 mm）的皮绳。将皮绳对折，用直尺或皮尺量出最终长度的一半。用钢丝钳或剪刀剪下绳子。

2. 将一端折起

将吊坠系在皮绳上。如果你觉得皮绳太硬，可以用水将其浸湿。将皮绳一端回折，制作一个长度约为 4 in（102 mm）的尾部半环。

3. 一只手抓住半环

保持半环的开放绳头与步骤 2 中取向一致，位于内外两层绳环之间。一只手托住绳环，另一只手捏住绳头，使几段皮绳成束。

4. 缠绕尾端

用一只手捏住绳头，环绕整束皮绳做缠绕，形成一个圆环。

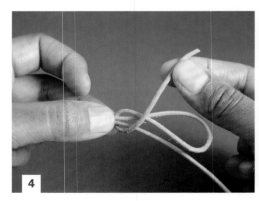

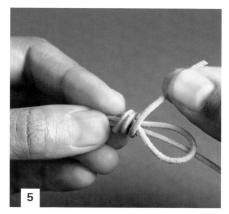

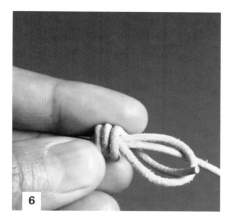

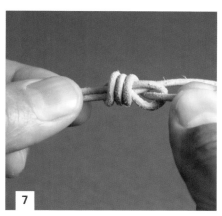

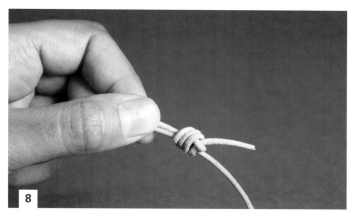

5. 多绕几圈

继续缠绕绳束，制作出三圈或三圈以上的小圆环，同时保留末端原有的圆环。

6. 将绳子穿过末端圆环

这一步完成后，绳头应朝向你。一手紧紧握住小圆环形成的绳结，另一手将绳头穿过原有的圆环。

7. 拉出绳头，收紧绳结

抓住绳头并使其完全穿过原有的末端圆环。同时用力推动绳结收紧，但不能收得过紧，阻碍绳结的滑动。

8. 完成第一个绳结

你应当得到一个至少包含三卷小圆环的整齐的滑动绳结，绳结末端需留有足够的长度，以便进行修剪。

9. 打第二个结

重复步骤2~8，完成第二个绳结。

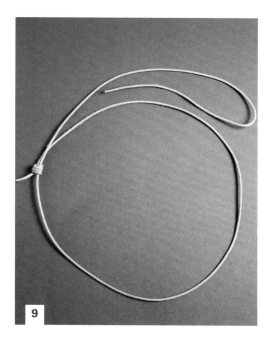

耳环

工具和材料

- 1 号、5 号反向齿线锯锯片
- 台钻
- 迷你夹
- 砂纸（150~220 目）
- 钻头，直径 $\frac{1}{16}$ in（1.6 mm）
- 喷胶
- 透明胶带
- 油或其他表面处理产品
- 钢丝钳
- 牧羊钩
- 开口环（或者用来自制开口环的 24 号金属线）
- $\frac{1}{8}$ in（3 mm）或 $\frac{1}{4}$ in（6 mm）厚的胡桃木或沙比利木，尺寸符合要求（足够容纳图样且略有余量）
- 滚筒成边缘砂光机

想知道如何利用平时产生的小块废木料和硬木边角料吗？接下来的作品会带给你灵感，因为你和我一样，舍不得抛弃任何一块完美的木头，无论它有多小。耳环虽然是小配饰，但能给人留下深刻的印象。我希望我设计的这对凯尔特风格的耳环能给你留下很深刻的印象。我选择的图案是三重螺旋，它有多种象征意义。其传统象征意义是基督教的三位一体，另一个象征意义则表示大地、水和天空。

备选的耳环图案，和之前的吊坠作品一样，采用的是组合元素的设计。在这个设计中，两个相连的圆可以代表母亲和孩子的形象，或者一对恋爱中的情侣。这次我选择的木料是沙比利木——一种桃花心木。在完成作品后，我同样涂抹了三层丹麦油做表面处理。

在第 31 页，我介绍了如何用一根圆钢棒、一些 24 号金属线和一把钢丝钳自制开口环。你也可以购买纯银的牧羊钩，它们在任何一家珠宝店都可以买到。除此之外，你还需要一把圆嘴钳。我之所以选择使用圆嘴钳，是因为它们不会损坏开口。

三重螺旋耳环图样
按照 100% 的比例复印

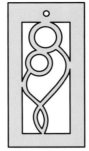

组合元素耳环图样
按照 100% 的比例复印

三重螺旋耳环的制作步骤

1. 准备木坯料

　　使用迷你夹将木坯料固定到位，并在木坯料每个侧面涂抹 2 滴热熔胶。钻取起始孔。

2. 切出图案

　　用砂纸打磨木坯料的背面，以去除钻孔产生的毛刺。之后，使用配备 1 号反向齿线锯锯片的线锯完成图案的所有内部锯切。

1

2

3

4

5

3. 为开口环钻孔

在切出最终的耳环形状之前，使用配备有直径 1/16 in（1.6 mm）钻头的台钻为开口环钻孔，插入的开口环用来安放牧羊钩。

4. 切出最终形状

钻孔完成后，可以切下耳环了。使用配备 5 号反向齿线锯锯片的线锯。锯刃应尽量靠近耳环轮廓线，锯切完成后打磨掉轮廓面上的任何凸起，也可以在锯切时留出大约 1/32 in（0.8 mm）的余量，然后用滚筒或边缘砂光机打磨得到最终的尺寸。

5. 给耳环上油

在这件作品的制作过程中，我使用手工擦拭的方式上油，使胡桃木呈现天然的颜色和光亮的色泽。在上油之前，一定要用砂纸把耳环表面打磨光滑。另外，还要用 220 目的砂纸打磨掉耳环边缘的尖棱。

6. 组装耳环配件

在涂层完全干燥后，给每个耳环装上一个开口环和一个牧羊钩。可以使用 24 号金属线来自制开口环（见第 31 页）。

6

钥匙扣

工具和材料

- 台钻
- 钻头，直径为 $\frac{1}{16}$ in（1.6 mm）和 $\frac{5}{64}$ in（2 mm）
- 迷你夹
- 热胶枪
- 胶棒
- 喷胶
- 砂纸（150~220目）
- 2/0 号、5 号反向齿线锯锯片
- 木工胶
- 胶辊
- 透明胶带
- 圆嘴钳
- 钢丝钳
- 开口环
- 钥匙环
- 圆钢棒（用来制作开口环）
- 16 号镀锌线
- 喷涂型表面处理产品（可选）
- 可选用任何 $\frac{1}{8}$ in（3 mm）厚的木坯料，尺寸符合要求（足够容纳图样且略有余量）

我一直痴迷于中国文化中的五行元素及其象征意义。在中国文化中，五行分别是指金、木、水、火和土。我同样对毛笔书法兴致盎然，优雅的造型和流畅的笔画带给我灵感与启迪。我想在我的钥匙链设计中把这两种元素结合起来。我的土元素设计源自于传统汉字"土"，这种传统元素与现代风格的结合总是能产生令人振奋的效果。我为这件作品选择的木料有很好的天然对比色：顶部件使用浅色的枫木，背衬板使用深色的紫檀木。你如果没有这样的木料，也可以使用染色剂来增加上下两层材料的颜色对比度。

另一个可供选择的图样是一个凯尔特风格的有趣设计。这个设计是三条弯曲的腿辐射排列的风格样式。三条弯曲的腿从中心辐射而出，给人一种持续运动的感觉。除了代表竞争和进步之外，这个设计在不同文化中还代表着不同的含义。在这件作品中，我使用了两块 $\frac{1}{8}$ in（3 mm）厚的波罗的海桦木胶合板。为了营造鲜明的颜色对比效果，我对背衬板进行了染色处理。因为使用了染色剂，所以我为其喷涂了几层聚氨酯进行表面处理，而不是手工擦拭丹麦油。

五行钥匙链图样
按照 100% 的比例复印

三曲腿图凯尔特人钥匙链图案
按照 100% 的比例复印

五行元素钥匙扣的制作步骤

1. 选择木料

　　我喜欢用色彩鲜明的木料做背衬板。因此，在这件作品中，我使用了枫木作为顶部件，用紫檀木制作色彩对比鲜明的背衬板。

2. 钻取起始孔

　　用喷胶将图样暂时粘在枫木表面，然后用台钻钻取起始孔，并使用允许范围内最大的钻头。我使用的钻头直径为 $1/16$ in（1.6 mm）。注意，钻孔时钻头应尽量靠近标记线。

1

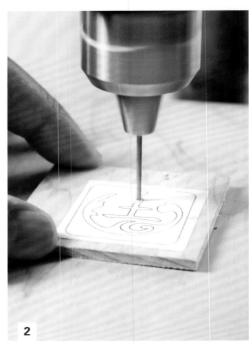

2

3

4

3. 锯切图案

使用 2/0 号反向齿线锯锯片完成所有内部锯切。从中心开始进行最精细的锯切，逐渐向周边延伸。完成内部锯切后改用 5 号反向齿线锯锯片，锯切出顶部件大致的外部轮廓，并且留出至少 $^1/_{16}$ in（1.6 mm）的余量。

4. 把顶部件粘到背衬板上

去除背衬板表面的毛刺，将其内表面打磨光滑，将木工胶均匀涂抹在顶部件背面，把它粘贴到背衬板上。

5. 为开口环钻孔

待胶水干燥后，使用配备直径为 $^5/_{64}$ in（2 mm）钻头的台钻在顶部中心钻一个孔。最好把一块废木料垫在下面，以免撕裂背衬板。

5

6. 锯切出最终的形状

使用 5 号反向齿线锯锯片锯切出钥匙扣的最终形状，将边缘打磨光滑，并用 220 目的砂纸钝化其锋利的边角。最后使用你选择的表面处理产品做处理，为钥匙扣提供长期保护。

7. 组装钥匙扣

将开口环穿过顶部的孔即可完成钥匙扣的组装。记得在闭合开口环之前，将钥匙环穿过开口环完成连接。最后，用圆嘴钳将开口环压紧。

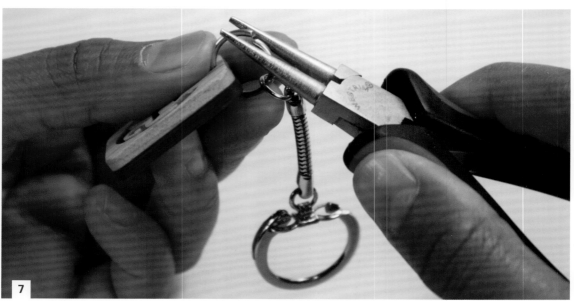

自制开口环

可以使用任何长度且粗细均匀、不同直径的圆钢棒或其他物件（例如螺丝刀的圆柱形杆部）制作不同尺寸的开口环。你只需要准备一些镀锌线（我用的是16号镀锌线），一把钢丝钳，当然还包括一根选定的圆钢棒就可以制作了，这些材料和工具可以在任何一家五金店里买到。

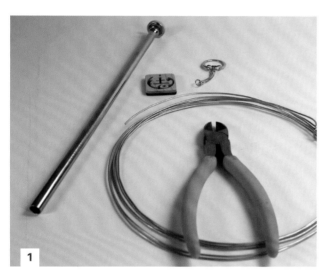

1. 选择一根圆钢棒

圆钢棒的直径取决于开口环最终要穿过的材料的厚度。我使用的是 ⅜ in（9.5 mm）直径的圆钢棒。因为开口环需要穿过 ¼ in（6 mm）厚的木料。

2. 将金属丝缠绕到杆上

将16号镀锌线，缠绕在圆钢棒的一端。确保镀锌线沿圆钢棒均匀分布。

3. 剪下开口环

把金属环从圆钢棒上拆下，剪断镀锌线，得到多个可覆盖完整圆周的环。

书签

工具和材料

- 台钻
- 胶棒
- 热胶枪
- 喷胶
- 砂纸（150~220目）
- 背衬板，$\frac{1}{8}$ in（3 mm）厚的胶合板废料
- 喷涂型表面处理产品，或自行选择表面处理产品
- 模板（可选）
- 钻头，直径 $\frac{1}{32}$~$\frac{1}{16}$ in（0.8~1.6 mm）
- 2/0号、5号反向齿线锯锯片
- $\frac{1}{32}$ in（0.8 mm）厚的芬兰桦木胶合板，尺寸符合要求（足够容纳图样且略有余量）

接下来的作品是为书籍爱好者和手工爱好者准备的。当然，这件作品同样适合那些喜欢赋予手工作品特殊含义的人。书签的设计灵感来自中国的十二生肖。中国的十二生肖不是以星座为标志，而是以个性迥异的动物作为出生的象征。我的这款书签选择了鼠。据说鼠年出生的人勤奋、精明、务实、有创造力而且富有魅力。是不是听起来像你呢？我还提供了制作汉字鼠的自定义模板的方法。

备选图样是基于我对中国毛笔书法的热爱设计的。正如我在钥匙扣作品中提到的那样，我喜欢汉字的流畅和优雅。因为这门艺术需要多年时间才能掌握，所以我只能通过线锯的艺术表现形式表达对这门艺术的敬意。如果你想要把汉字与英文翻译放在一起，只需使用制作生肖鼠书签的方式来制作模板就可以了。

我选择的木料是三层的芬兰桦木胶合板，也被称为航空胶合板。这是一种专业产品，所以你可能需要首先找到合适的供应商，或者通过网络邮寄。我是在李威利（Lee Valley）工具公司找到这款胶合板的。这是一家出售专业木工和园艺产品的商店。选择这款胶合板是因为它具备了木制书签的所有要素——强度高、韧性好和厚度合适。如果你不是鼠年出生的话，可以翻阅第187页，了解其他11种生肖的图样。

制作模板

这个步骤是可选的，但是它为书签作品添加了特殊的点缀。你还可以运用这项技术为本书中的任何作品提供个性化装饰。

所需材料：

- 透明薄塑料
- 几块⅛ in（3 mm）厚的废木料
- 热胶枪
- 小刷子
- 自选染色剂

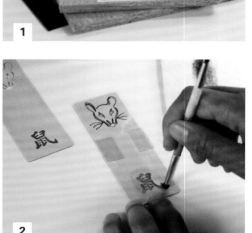

生肖鼠书签图样
按照 100% 的比例复印（见第 187 页，了解其他 11 种生肖的图样）

汉字"梦"书签图样
按照 100% 的比例复印

1. 切割模板

把薄塑料夹在两块废木料之间，并在木料侧面涂抹几滴热熔胶，将它们粘在一起。使用 2/0 号反向齿线锯锯片切割汉字。在锯切好书签的轮廓后，用细毡记号笔在模板上描出老鼠的轮廓，这有助于之后的对齐。

2. 用模板印出文字

切掉模板两边的材料，然后把模板贴在书签坯料上。对齐模板。用小刷子蘸取选好的染色剂。用纸巾尽可能多地吸掉表面的表面处理产品——染色剂太多的话会导致模板下方出现难看的渗色。让刷子以画圆的方式，刷涂染色剂。小心地去掉模板，露出漂亮清晰的汉字轮廓。

生肖鼠书签的制作步骤

1. 切割书签木坯料

当材料很薄时，可以用堆叠切割法——我建议堆叠五层。为了防止撕裂材料，同时增加其刚性，可以用热熔胶将一块 $1/8$ in（3 mm）的胶合板废料粘在底部。为了让图样完全黏合牢固，避免在切割过程中移动，需要稍微打磨堆叠坯料的正面。

2. 钻取起始孔

使用直径为 $1/16$ in（1.6 mm）的钻头钻取起始孔。然后打磨掉钻孔产生的毛刺或撕裂的纤维。

3. 锯切图案

使用 2/0 号反向齿线锯锯片完成图案的所有内部锯切，要从中心向外锯切。从眼睛开始，然后到耳朵，最后锯切嘴巴。在处理胡须时要特别小心。

4. 锯切出书签的轮廓

完成内部锯切后，使用 5 号反向齿线锯锯片锯切出书签的最终轮廓。尽量靠近切割线锯切，但不要完全贴合。

5. 打磨与表面处理

如果书签的轮廓不够平直，无须担心，因为凸起的地方很容易用砂纸磨平。如果需要，可以制作并使用生肖鼠的模板辅助操作。将书签倒挂在干燥架上，喷涂透明聚氨酯漆。充分干燥，然后把书签翻过来喷涂正面。

> **小贴士：准备两份图样**
>
> 在粘贴图案时，可以把两个图样并排放在一块较宽的木坯料上。如果你准备同时制作多件礼物或批量生产，这样做可以节省大量时间，而且在线锯上定位木料会变得更容易。

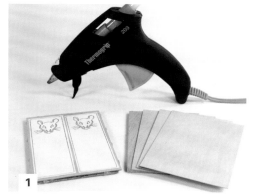

皮带扣

工具和材料

- 台钻
- 钻头，直径 $\frac{1}{16}$ in（1.6 mm）
- 2/0 号、2 号和 5 号反向齿线锯锯片
- 喷胶
- 白胶
- 胶辊
- 砂纸（各种目数）
- 染色剂（可选）
- 螺丝，4 号×$\frac{3}{8}$ in（9.5 mm）
- 环钩扣背
- 自选的喷涂型表面处理产品
- 胶棒
- 热胶枪
- 两块色彩对比鲜明的木料，$\frac{1}{8}$ in（3 mm）厚，尺寸符合要求（足够容纳图样，且略有余量）

为腰间的服饰加入艺术元素，同时让你看起来很时髦，这个主意怎么样？接下来的作品一定会让你满意的。我很喜欢这件作品，因为它兼具艺术性与功能性。

与蝴蝶一样，蜻蜓同样美丽而优雅。在不同的文化中，蜻蜓有不同的象征意义。但一般来说，它是复兴、改变、希望和爱的象征。我的设计描绘了一只漫无目的地穿行在高草丛中的蜻蜓。我选用浅色的白蜡木作为背衬板，同时选用色彩对比鲜明的沙比利木（桃花心木）制作正面部件。

备选图样采用了连锁环的设计。圆是一种有趣的几何图形，具有多种含义，在自然界中随处可见。圆既没有起点也没有终点，可以代表无限，并带给我们整体和完整的感觉。在自然界中，圆可以代表月亮、太阳等星体。将几个圆联锁在一起可以创建出富有动态感的形象。我用深棕色胡桃木制作正面部件，用与胡桃木色彩对比鲜明的枫木做背衬板。只需将两层木料对调，就可以立即改变作品的外观和视觉效果。

要完成这件作品，你还需要一个扣带和一个环钩扣背。这些配件可以在任何一家皮革用品商店买到。我在制作这件作品时收获了很多快乐，佩戴它也一定会让你开心。这件作品也能为你提供一个很好的闲聊话题。

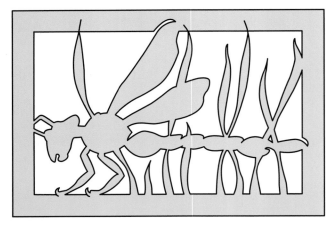

蜻蜓皮带扣图样

按照 100% 的比例复印

圆圈皮带扣图样

按照 100% 的比例复印

蜻蜓皮带扣的制作步骤

1. 选择色彩对比鲜明的木料

　　选择色彩对比效果鲜明的硬木组合（如白杨木和胡桃木）。除此之外，你还可以使用染色剂为皮带扣的正面或背面染色来增加木料的对比度。我在这里使用的是沙比利木和白蜡木。

2. 为正面部件粘贴废木料

　　将一块废木料粘在正面部件的背面提供支撑。粘贴图样，并在钻取起始孔之前，在图样之上贴上透明胶带。这样可以减少摩擦并润滑锯片。用热胶枪在木坯料侧面涂上几滴热熔胶。胶合时可用一个迷你夹夹牢坯料。

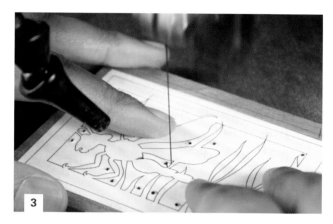

3. 锯切图案

用反向齿锯片锯切图案。为了防止脆弱的部件在锯切过程中断裂，可在其表面贴上透明胶带。锯切之前，先规划好锯切顺序会很有帮助。

4. 粗切出外部轮廓

在锯切皮带扣的轮廓时，一定要留出一些余量。我建议留出约 $1/16$ in（1.6 mm）的富余。

5. 把正面部件粘到背衬板上

用胶辊在切好的正面部件的背面均匀涂抹一层白胶，将其粘到白蜡木背衬板上，垫上垫块并用夹子夹紧确保压力均匀分布。我在这里使用的是 $3/4$ in（19 mm）厚的胶合板垫块。

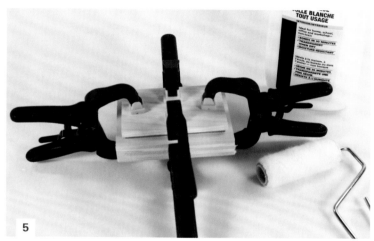

6. 切出最终轮廓

待胶水干燥后，换用 5 号反向齿锯片锯切出最终轮廓。为了得到平滑的边缘，可使用边缘打磨夹具（见第 179 页）。用 220 目砂纸打磨锋利的边缘和转角，最后用选定的透明表面处理产品做处理。

7. 安装五金件

把环钩扣背定位在皮带扣的中央。使用直径 $1/16$ in（1.6 mm）的钻头为螺丝钻取引导孔。注意引导孔不要太深，以免钻穿正面部件。用 4 号 × $3/8$ in（9.5 mm）的木工螺丝将五金件固定在皮带扣背面。

第三章
家居装饰

之前的所有作品都是个人装饰品。现在我为你提供有趣的、实用且梦幻的家居装饰。我会从较小、较简单的作品（比如杯垫）开始，逐步过渡到制作较大、较有挑战性的作品（比如古典风灯）。

我已经设计了一些实用且好看的杯垫，由于这种作品的混搭元素和可选图样很丰富，非常适合制作有趣的礼物。下一款作品是一个非常漂亮的相框，独一无二的可立式框架使其与众不同。

我还会向你讲解隐藏胶合板外露边缘的技术。想营造一点浪漫的气氛吗？一个发光的工艺茶托烛台是不是很不错呢？我将展示如何制作一个具有现代感的漂亮茶托烛台。这款茶托烛台是由四个正方形部件组成，当把它们组合在一起时，就会形成一件有动感的作品。你是不是也像我一样老是丢钥匙？我有一个好办法可以解决这个非常恼人的问题——制作一件专用钥匙柜。把它放在家门口，迫使你回家之后先把钥匙放下，然后再做其他事情。本章的压轴作品是一款华丽的古典风灯。它会比之前的作品稍复杂一些，我会为你提供详细的分步指导。只要你能接受挑战，完成这件作品的巨大成就感会让你兴奋不已。无论你需要什么或在什么场合，接下来的内容都会为你提供完美的、有价值的解决方案。继续读下去吧！

玻璃杯垫

工具和材料

- 台钻
- 精密支杆夹头
- 迷你夹
- 钻头，直径 $\frac{1}{32}$ in（0.8 mm）
- 2/0 号、5 号反向齿线锯锯片
- 砂纸（150~220目）
- 喷胶
- 聚氨酯胶
- 内部/外部喷涂型清漆或其他喷涂型表面处理产品
- 染色剂（可选）
- 小块的透明防滑垫
- 软木背衬板
- 美工刀
- 细毡记号笔

这款方形的玻璃杯垫造型简单而不失优雅，其主设计图案是一只精心切割的蜜蜂。我另外提供了一款蜻蜓设计作为备选图样。你可以制作只包含蜜蜂图案的杯垫，也可以制作蜜蜂和蜻蜓图案混搭的杯垫。

我选用红桤木作为正面部件，选用具有对比效果的胡桃木作为背衬板。由于玻璃杯垫主要在潮湿的环境中使用，要特别注意黏合剂和表面处理产品的种类。我选择使用聚氨酯胶，并在胶合完成后喷涂 3 层以上的喷涂型表面处理产品。确保表面处理产品覆盖了切割处的内侧边缘。把完成的作品装在一个盒子里，一份像样的礼物就做好了。

切割清单

部件编号	数量	部件名称	尺寸	材料
1	4	正面部件	3¾ in × 3¾ in × ⅛ in（95 mm × 95 mm × 3 mm）	红桤木
2	4	背衬板	3¾ in × 3¾ in × ¼ in（95 mm × 95 mm × 6 mm）	胡桃木

蜜蜂玻璃杯垫图样
按照 100% 的比例复印

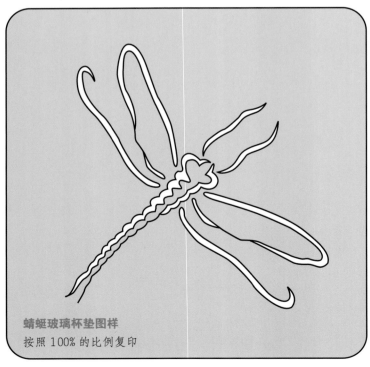

蜻蜓玻璃杯垫图样
按照 100% 的比例复印

蜜蜂玻璃杯垫的制作步骤

1. 选择木料

在这件作品里，我选择胡桃木作为背衬板，红桤木作为正面部件。用迷你夹将两个堆叠的正面部件夹住，用热胶枪在四个侧面分别涂抹长约 1 in（25 mm）的胶水条带。

2. 锯切图案

使用精密支杆夹头和直径为 $1/32$ in（0.8 mm）钻头钻取起始孔。使用 2/0 号反向齿线锯锯片锯切图案，并在脆弱的部分贴上透明胶带将其固定到位。完成内部锯切后，用 5 号反向齿线锯锯片锯切出玻璃杯垫的粗略轮廓。

3. 描绘玻璃杯垫的轮廓线

在堆叠切割得到粗略的外部轮廓后，第二块正面部件是没有轮廓线的，需要使用一个透明的塑料模板重新绘制。可以用细毡记号笔画出杯垫的最终轮廓，用美工刀将其裁下制成模板。

4. 将玻璃杯垫的正面部件粘到胡桃木背衬板上

打磨去除正面部件背面的毛刺。由于聚氨酯胶需要加入水分才能进行固化，所以需要在胡桃木背衬板的正面均匀地涂抹薄薄的一层胶水，用水润湿正面部件的背面后粘到背衬板上，垫上垫板用夹子夹紧至少 4 个小时。

小贴士：染色选项

如果你想给部分玻璃杯垫染色，而不是选用不同颜色的木料，请先对木料进行染色。待染色剂干燥后再开始锯切。

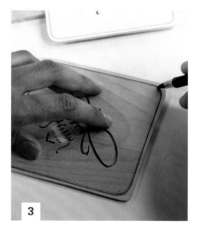

5. 锯切出最终轮廓

使用5号反向齿线锯锯片锯切出玻璃杯垫的最终轮廓，沿轮廓线的外缘锯切即可。或者，可以在最初切割时留出 $1/32 \sim 1/16$ in（0.8~1.6 mm）的余量，然后用连接在台钻或侧边砂光机上的砂轮打磨得到杯垫的最终轮廓。

6. 清洁边缘并完成表面处理

先使用边缘打磨夹具辅助打磨杯垫边缘（见第179页）。再用150~220目的砂纸将整个杯垫表面打磨平滑，同时钝化锋利的边角。喷涂至少3层涂料。最后在杯垫的背部的四角粘贴透明防滑垫，或者在杯垫背部粘贴一块软木背衬板。

兰花相框

工具和材料

- 台锯
- 电木铣
- 半边槽电木铣铣头，直径 ¼ in（6 mm）
- 台钻
- 圆盘砂光机，或者锉刀和砂纸
- 夹子
- 钻头，直径 ¹⁄₁₆ in（1.6 mm）和 ⁵⁄₆₄ in（2 mm）
- 手持式电钻
- 2 号、5 号反向齿线锯锯片
- 透明胶带
- 废木料垫板
- 砂纸
- 双面胶带
- 玻璃，4 in × 6 in × ⅛ in（102 mm × 152 mm × 3 mm）
- 背板固定压片
- 无头钉 / 黄铜棒
- 牙签
- 手动螺丝刀
- 4 号黄铜螺丝
- 喷涂型表面处理产品
- 木工胶
- 白胶
- 胶辊
- 木制螺丝夹
- 浅容器
- 自选染色剂

相框是展示所爱之人的绝佳方式。这款相框的特别之处在于它是由你亲手制作的。这件作品从相框到支架都是手工制作的。你需要一些相框背板固定压片（可以在网店购买），并定制一块 4 in × 6 in × ⅛ in（102 mm × 152 mm × 3 mm）的玻璃。我的玻璃是在一家挡风玻璃修理厂购买的。我还讨论了对外露的胶合板边缘做封边处理的方法，使用的材料为波罗的海桦木。当然，如果你选择用实木制作相框，这个步骤就不需要了。希望你能像我一样喜欢这件作品。

这款相框的设计灵感来自我对美丽而高贵的兰花的热爱。我希望能利用左侧类似障子（障子是日本的一种糊纸木制窗门）框架的直线条平衡偏置在右侧的精致的兰花曲线。虽然这两种元素非常的不同，但我认为它们能够很好地融为一体。

切割清单

部件编号	数量	部件名称	尺寸	材料
1	1	正面部件	⅛ in × 7¹⁄₁₆ in × 9 in（3 mm × 179 mm × 229 mm）	波罗的海桦木胶合板
2	1	背衬板	⅝ in × 7¹⁄₁₆ in × 9 in（16 mm × 179 mm × 229 mm）	波罗的海桦木胶合板
3	1	背插	¼ in × 4 in × 6 in（6 mm × 102 mm × 152 mm）	桃花心木胶合板
4	1	支架坯料	⅜ in × 2 in × 6 in（10 mm × 51 mm × 152 mm）	波罗的海桦木胶合板
5	1	玻璃嵌入物	⅛ in × 4 in × 6 in（3 mm × 102 mm × 152 mm）	玻璃

兰花相框图样
按照 120% 的比例复印

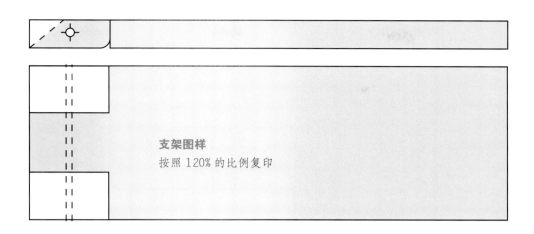

支架图样
按照 120% 的比例复印

兰花相框的制作步骤

1. 准备材料

　　用装有组合锯片的台锯切割出所有的木坯料。按照切割清单将所有木坯料切割到相应尺寸并编号，以避免混淆。

2. 锯切出图案

　　如果你准备同时制作多个相框，将多个正面部件堆叠起来切割可以节省大量时间。使用遮蔽胶带将多个部件固定在一起用喷胶将图样贴到木坯料上，用 $^1/_{16}$ in（1.6 mm）的钻头钻取起始孔。使用 2 号反向齿线锯锯片锯切兰花。然后换用 5 号反向齿线锯锯片锯切矩形轮廓。将"窗口"部分留待稍后处理。

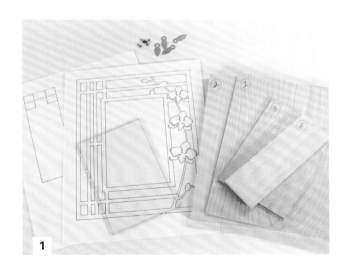

1

2

3. 粘贴背衬板

用几条双面胶带暂时将正面部件粘贴到背衬板上,并用简单的直角对齐夹具(见第182页)夹住,为了确保部件牢牢地保持在一起,应在所有放双面胶带的位置,轻轻夹紧。

4. 锯切出"窗口"

使用装有5号反向齿线锯锯片锯切出"窗口",在正面部件和背衬板上都留下精确的开口。

5. 铣削相框后部的半边槽

最好是用配有直径¼ in(6 mm)铣头的电木铣台来切割框架背面的半边槽。¼ in×⅜ in(6 mm×10 mm)的半边槽用来容纳玻璃和背插。切割相框时应逆时针方向进料。逐渐升高铣头分次铣削,每次升高⅛ in(3 mm),可有效减少铣头的应变。

6. 将半边槽的四角修整方正

你会发现铣削得到的四个角都是圆的。一种简单的修整方法是用1 in(25 mm)规格的直凿来修整四角。另一种替代方法是,将待嵌入的背插的四角处理成圆角以匹配圆角的半边槽。

7. 制作支架

准备一根枢轴销(比如黄铜棒或者剪掉头部和尖端的无头钉)。用喷胶将图样粘在支架坯料上,用木制螺丝夹夹住木坯料,在木坯料边缘钻孔。如果用无头钉,可以用 ⁵⁄₆₄ in(2 mm)的钻头钻孔。准确定位孔的位置,并使钻孔刚刚越过B标记线。

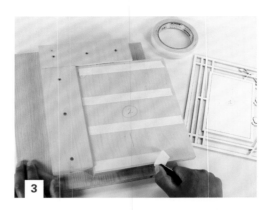

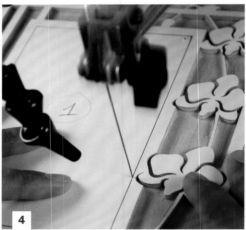

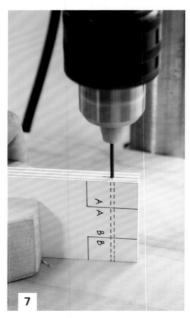

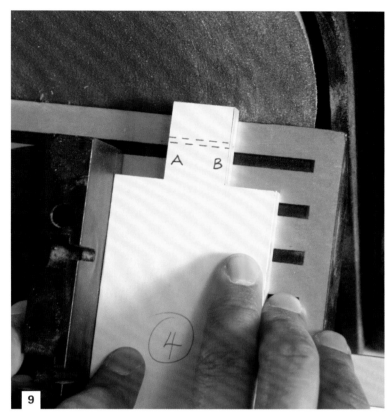

8. 锯切边角

钻完枢轴销孔后，用配有 5 号反向齿锯片的线锯将支架坯料的 A、B 顶角锯掉。不要将它们扔掉，它们可以用于将枢轴销固定到位。务必对切下来的部件进行编号或做标记。

9. 将支架加工成形和制作斜面

将盘式砂光机的支撑台面倾斜 45°，为支架的中央凸出部分打磨斜面。也可以用锉刀和砂纸获得同样的处理效果。斜面的底部可倒圆角防止中央凸出部分卡住。保持中央凸出部分的轮廓方正。

10. 为 A、B 顶角部件塑形

为了保障支架的正常使用，A、B 顶角部件的底部前缘也要进行打磨。将 A、B 顶角部件放在砂纸上倒圆角就可以了。

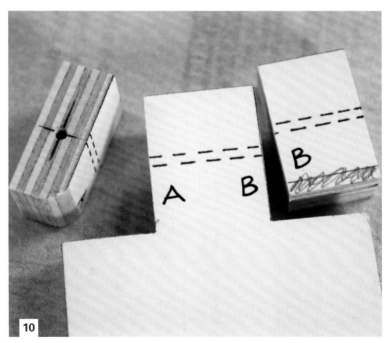

11. 染色

使用大型刮漆刀轻柔地沿侧面移动，将背衬板和正面部件分开。标记好向上的面，并将所有部件（包括支架）的表面打磨平滑。将一些染色剂倒入一个浅容器中，然后将正面部件浸入其中，并刷涂其他部件，记住留下背衬板的顶部做对比（通过切口显示的表面）。

12. 将正面部件粘回背衬板

在染色剂干燥后，将正面部件粘到背衬板上。使用直角对齐夹具（见第182页）。在正面部件的背面均匀刷涂一层白胶。然后小心地将正面部件粘在背衬板上。

13. 打磨与封边

当胶水凝固后，使用打磨块处理相框的边缘。为所有外露的胶合板边缘封边，形成完美的框架。

14. 将支架粘到背插上

量出距离背插顶部 1¼ in（32 mm）和距离两侧 1 in（25 mm）的位置。用低黏性遮蔽胶带标记这些测量值。在支架背面标记字母。暂时插入枢轴销。只在支架的 A、B 顶角部件上刷涂胶水。将部件摆放到位并小心夹紧。

15. 进行表面处理

待支架组件的胶水凝固后，将枢轴销取下，以释放支架的中心部件。将所有部件放在干燥架上，喷涂几层表面处理产品。在每层涂层凝固后，都应用细砂纸轻轻打磨涂层。

16. 插入枢轴销

在支架部件的涂层凝固后，插入枢轴销穿过所有组件。可以用胶水粘上一段牙签塞入留下的孔中。用凿子小心地把牙签修平。为裸露在外的牙签末端染色以消除色差。

17. 安装背板固定压片

插入照片、玻璃和支架组件组装相框。使用 $1/16$ in（1.6 mm）的钻头在相框背板固定压片的位置钻取四个引导孔，然后用手动螺丝刀拧入 4 号黄铜螺丝将背板固定压片固定并拨转到位。

15

16

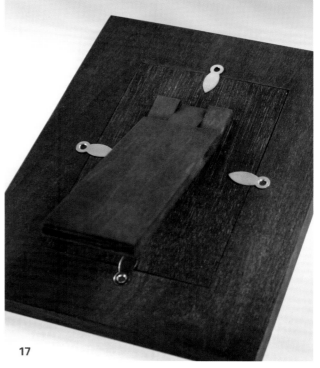

17

方格相框

这种相框设计方案采用了完全对称的几何设计，我称之为方格相框。我很喜欢利用几何元素来创建高度图形化和富有动态感的设计。然后通过使用颜色对比鲜明的木料或局部染色的方式来增强设计效果。同样，我会通过封边处理掩盖暴露的胶合板边缘，最后对封边材料进行简单的染色完成表面处理。

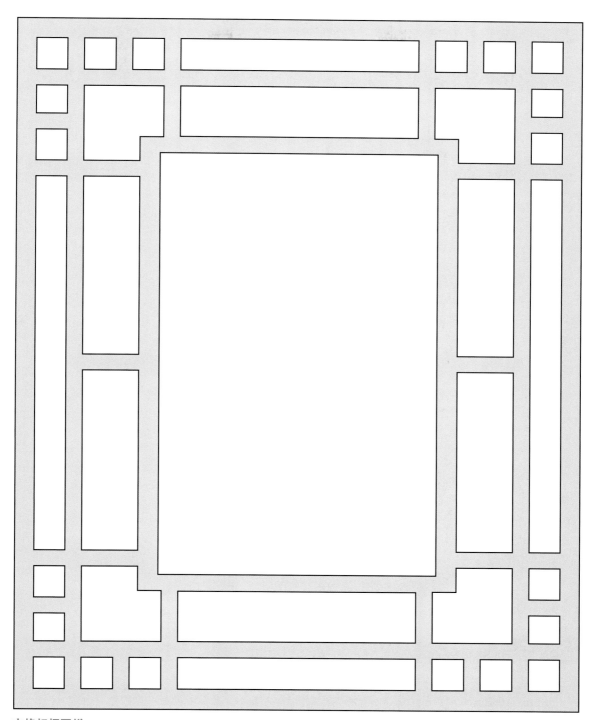

方格相框图样

按照 120% 的比例复印，仍然可以复印第 49 页的支架图样

方格方形茶托烛台

工具和材料

- 台锯
- 台钻
- 斜切锯
- 尖端镗孔钻头，直径 $\frac{1}{16}$ in（1.6 mm）
- 平翼开孔钻头，直径 $1\frac{5}{8}$ in（41 mm）
- 划线锥
- 热胶枪
- 胶棒
- 喷胶
- 木工胶
- 胶辊
- 带夹
- 喷涂型表面处理产品
- 砂纸（各种目数）
- 油灰刮刀
- 染色剂（可选）
- 浅容器
- 5 号反向齿线锯锯片
- 双面胶带

没有什么比一支燃烧的蜡烛更能带来精神和感官上的抚慰。经历了一天的辛劳，它可以带来安慰，在黑暗中带来一缕光明，或者在两个人共进晚餐时送上温暖而浪漫的光芒。手工制作的精致烛台可增强烛光的这些效果。

我设计的这款烛台包含丰富的几何感元素，很有现代感，我称之为方格系列。我喜欢直线相交创造出的刚劲且富有表现力的图案，尤其是当你使用了两种对比鲜明的颜色时。相交线还有助于在将四个支架组合在一起时，创造出动态的设计效果。

茶托烛台的结构简单明了。这个作品需要的专业工具是直径 $1\frac{5}{8}$ in（41 mm）的平翼开孔钻头或锯齿钻头，以钻出必要的开口来安放蜡烛。请留意与木制烛台有关的安全问题。切忌将蜡烛直接放置在开口处，一定要使用茶灯蜡烛自带的金属托。千万不要让燃烧的蜡烛处于无人看管的状态。

完成它，你将得到一件闪耀的作品！

切割清单

部件编号	数量	部件名称	尺寸	材料
1	4	顶板	$\frac{1}{8}$ in × $4\frac{1}{2}$ in × $4\frac{1}{2}$ in（3 mm × 114 mm × 114 mm）	波罗的海桦木胶合板
2	4	基座	$1\frac{1}{16}$ in × 4 in × 4 in（27 mm × 102 mm × 102 mm）	枫木胶合板
3	16	封边条	$\frac{1}{4}$ in × $1\frac{1}{4}$ in × $4\frac{1}{2}$ in（6 mm × 32 mm × 114 mm）	波罗的海桦木胶合板

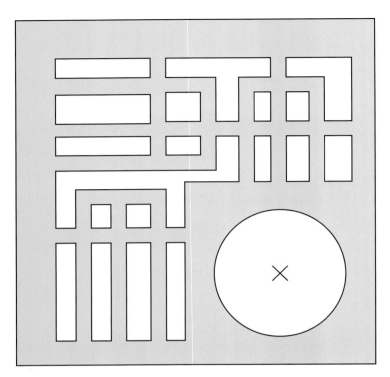

方格方形茶托烛台图样
按照 125% 的比例复印

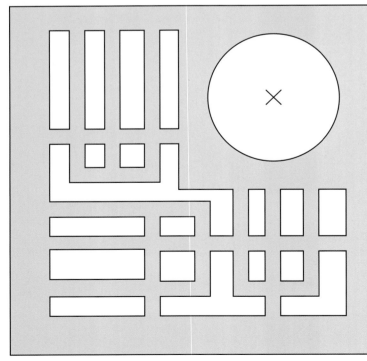

方格方形茶托烛台的制作步骤

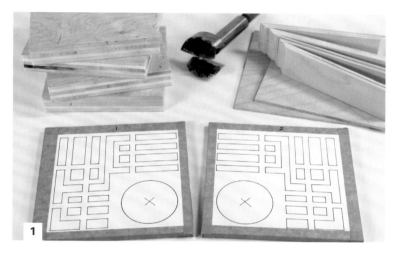

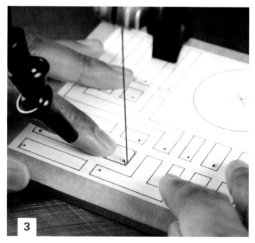

1. 选择木料和准备坯料

用配有胶合板锯片或横切锯片的台锯切割所有坯料。封边条坯料应保留足够的长度，以便最后用斜切锯锯切到最终长度。我留出了足够的长度，所以可以从一块封边条坯料中锯切得到至少8块成品封边条。我们需要16块成品封边条，因此要准备了2块封边条坯料。将两块顶板与图样堆叠在一起，用遮蔽胶带将边缘粘牢。顶板部件通过2次堆叠切割获得，因为左右各需2个烛台部件。

2. 钻取起始孔

在台钻上使用直径 $1/16$ in（1.6 mm）的尖端镗孔钻头钻出所有的起始孔，再用平翼开孔钻头钻取一个用来定位的直径 $1\frac{5}{8}$ in（41 mm）的引导孔。可以先用划线锥定位引导孔的位置以确保钻头的尖端准确地啮合在正确的位置。

3. 锯切图案

使用5号反向齿线锯锯片锯切图案，确保从中心向外锯切。用线锯锯切内角是很困难的。可以暂时保留圆角，之后再将其修成直角。

4. 斜切封边条

用斜切锯，或者用斜切辅锯箱搭配手锯锯切封边条的45°斜面，为了使16成品块封边条长度相同，可以在斜切锯上夹上一块止位块。在此之前，需要首先在封边条坯料的一端切出斜面，并标明第一块封边条的长度，然后夹紧止位块，将第一块封边条锯切到所需长度。接下来你需要把封边条坯料前后翻转，把第二块封边条锯切到所需长度。以这种方式把16块成品封边条依次锯切到位。注意确保每完成一次锯切都要翻转封边条坯料。

5. 粘贴封边条

将木工胶均匀涂抹在基座木板的侧面，以及封边条的斜接面上，将封边条粘在基座侧面并用带夹夹紧在一起。

6. 暂时将顶板粘到基座上

用砂纸打磨封边条边缘使其与基座正面平齐。用双面胶带暂时地将顶板粘到基座正面。

7. 设置蜡烛孔的深度

从装置的顶部向下，⅝ in（16 mm）的位置画一条深度线。在台钻上装入平翼开孔钻头，根据画线设置钻孔深度。

8. 钻取蜡烛孔

使用事先钻好的 1/16 in（1.6 mm）的起始孔定位 1⅝ in（41 mm）的平翼开孔钻头并钻孔。对于软木，应将台钻的主轴转速降至每分钟 500 转，对于硬木，对应的主轴转速应降至每分钟 200 转。每次钻入较浅的深度，分几次钻孔并及时清除刨花，能够避免钻头切入过深或过热。

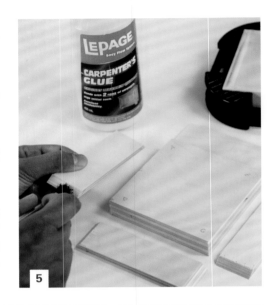

5

6

贴士：最有效的斜接夹

最有效的斜接夹是一卷透明胶带。它不仅能让斜接部件紧密贴合在一起，还方便你通过透明胶带查看匹配情况。

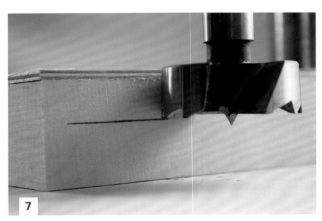

7

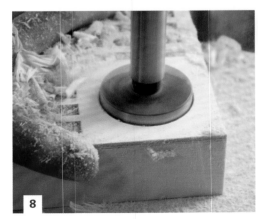

8

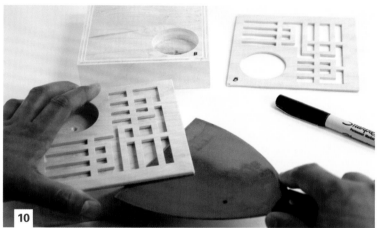

9. 用砂纸抛光所有部件

用砂纸将顶板侧面打磨到与封边条表面平齐的程度。这里我用木制的手工螺丝夹作为台钳。为了方便打磨不同的位置，可以把砂纸裁成各种大小、做成不同形状使用。

10. 将顶板分离

使用宽油灰刮刀或刮漆刀小心地将顶板与基座组件分开。做好标记，确保每个顶板和基座组件正确配对。部件上的双面胶带残留物可以用指甲油清除液、溶剂油或丙酮去除。

11. 为所有部件染色

用砂纸打磨所有基座组件的正面，去除所有切口处的毛刺。将一些染色剂倒入浅容器中，将部件浸入液体中。除了基座的正面，茶托烛台的所有部件都要染色。可以用泡沫刷涂抹蜡烛孔的内部。充分晾干。

12. 组装并进行表面处理

用胶辊将木工胶小心地涂抹在顶板背面，将其粘在相应的基底上并夹紧。仔细对齐配对部件，并用垫块均匀分散夹具的压力。胶水凝固后，在烛台表面喷漆一层透明漆。待漆层凝固，用细砂纸轻轻打磨，再次喷涂。重复上述操作，喷涂3~4层。

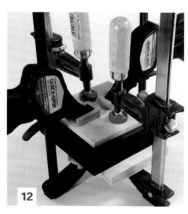

凯尔特结方形茶托烛台

这个方形茶托烛台是在凯尔特结的基础上设计出来的。我选择这个设计，是因为这种图案不仅可以很好地展现每个组件各自的形状，而且在把四个组件放在一起时更具动态感和视觉冲击力。这与凯尔特结的意义也很相似——没有起点，也没有终点。

**凯尔特结方形茶托
烛台图样**
按照 125% 的比例
复印

龙纹钥匙柜

工具和材料

- 台锯
- 开槽锯片
- 电木铣
- 电木铣台
- 直边铣头
- 钻床
- 手持式电钻
- 胶棒
- 埋头钻
- 夹子
- 热胶枪
- 木工胶
- 喷胶
- 封边条
- 电熨斗
- 台锯斜角规
- 尖端镗孔钻头，直径 ⁵⁄₃₂ in（4 mm）
- 2 号、5 号反向齿线锯锯片
- 不规则轨道砂光机
- 直角对齐夹具（182 页）
- 边缘打磨夹具（第 179 页）
- 电动螺丝刀（琢美牌等）
- 电动螺丝刀用直角配件
- 小型棘轮螺丝刀
- 2 个无榫铰链
- 1 个把手（包括螺钉）
- 1 组门扣
- 6¾ in（19 mm）深方钩
- 木工螺丝，6 号 × ½ in（13 mm），2 个（用于顶板）
- 木工螺丝，4 号 × ⅜ in（10 mm），12 个（8 个用于铰链，4 个用于把手）
- 砂纸（各种目数）
- ½ in（13 mm）无头钉
- 染色剂（可选）
- 木塞
- 黄铜垫圈和吊框壁挂螺丝

你是否经常找不到钥匙？制作一个专用的钥匙柜是非常好的解决方案。它不仅能帮你免除找钥匙的烦恼，而且还能为家居带来一个赏心悦目的装饰效果。

柜子本身的设计非常简单，线条简洁，沙克式门框架内装饰有精美的龙纹。龙代表勇气和力量，同样也是宝藏的守护者——在这里就是守护钥匙。我使用波罗的海桦木胶合板封边的方式制作钥匙柜。从现在起，你再也不会找不到钥匙啦！

切割清单

部件编号	数量	部件名称	尺寸	材料
1	2	侧板	⅜ in × 2½ in × 9¼ in（10 mm × 64 mm × 235 mm）	波罗的海桦木胶合板
2	1	内顶板	⅜ in × 2½ in × 7 in（10 mm × 64 mm × 178 mm）	波罗的海桦木胶合板
3	1	底板	⅜ in × 2½ in × 7 in（10 mm × 64 mm × 178 mm）	波罗的海桦木胶合板
4	1	背板	¼ in × 7 in × 9 in（6 mm × 178 mm × 229 mm）	波罗的海桦木胶合板
5	1	顶板	⅜ in × 3 in × 8¼ in（10 mm × 76 mm × 210 mm）	波罗的海桦木胶合板
6	2	挂钩横木	¼ in × 6½ in × 1 in（6 mm × 165 mm × 25 mm）	波罗的海桦木胶合板
7	1	柜门基板	¼ in × 6⅜ in × 8⅜ in（6 mm × 162 mm × 213 mm）	桃花心木胶合板
8	2	冒头	⅜ in × 1 in × 4¼ in（10 mm × 25 mm × 108 mm）	波罗的海桦木胶合板
9	2	门梃	⅜ in × 1 in × 8⅜ in（10 mm × 25 mm × 213 mm）	波罗的海桦木胶合板
10	1	面板	⅛ in × 4¼ in × 6⅜ in（3 mm × 108 mm × 162 mm）	波罗的海桦木胶合板

龙纹钥匙柜图样
按照 115% 的比例复印

龙纹钥匙柜的制作步骤

1. 准备部件

根据切割清单，用台锯切割出所有部件的坯料。挂钩横木要预留一些长度余量，方便最后切割。一定要根据切割清单对每个部件进行编号。钥匙柜的制作需要大量的五金器具，所以一定要把所有部件需要用到的工具材料准备妥当。

2. 准备槽口部件

为了确定每个槽口的位置，为每个开槽部件画线，并标记出相应的末端。确定每个部件的后边缘。接下来，标记出所有槽口的宽度和深度。

3. 在侧板上开半边槽以容纳内顶板和底板

用台锯配备 $\frac{3}{8}$ in（10 mm）的堆叠式开槽锯片在每块侧板的标记区域切割宽 $\frac{1}{4}$ in（6 mm）、深 $\frac{3}{8}$ in（10 mm）的半边槽。如果你有电木铣，也可以使用直边铣头完成这项工作。用台锯在侧板末端开半边槽时，还要用台锯斜角规来引导开槽锯片上方的部件。另外，为了确保槽口的宽度相同，我们需要在斜角规上夹上一块止动块。为此，我们还需要将一块板连接到斜角规上充当辅助靠山。这个靠山要足够长，这样我们才能把止位块夹在靠山上，而且靠山可以支撑侧板，从而防止其后边缘撕裂。一定要先设置好开槽锯片的高度。

4. 切割剩下的半边槽以安装背板

在内顶板、每块侧板底板和后边缘切成 $\frac{1}{4}$ in（6 mm）深，$\frac{1}{4}$ in（6 mm）宽的半边槽，用于安装 $\frac{1}{4}$ in（6 mm）厚的背板。沿靠山推动每个部件通过开槽锯片完成切割。由于保持 $\frac{3}{8}$ in（10 mm）宽的开凿锯片设置更便于操作，所以为标准靠山（见第 68 页）配备一个木制辅助靠山是很重要的。

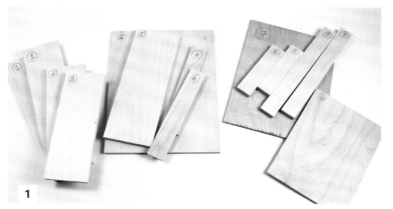

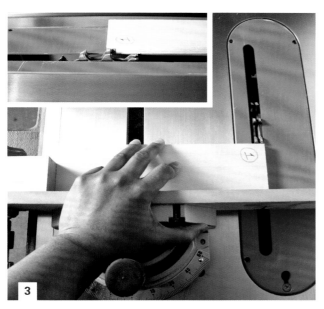

5. 预先打磨柜身部件

在所有半边槽切割完成后，使用不规则轨道砂光机将柜身部件的所有内表面打磨平滑。在组装前打磨部件的内表面更容易一些。如果你需要对柜子进行染色，组装前同样是对内表面染色的最佳时机。

6. 组装柜身

在胶合之前进行干接测试。如果干接效果令你满意，可以先将内顶板和底板粘在一块侧板的半边槽中，再将另一块侧板滑动并胶合到位。

7. 夹紧柜身

使用带夹或透明胶带把柜身固定到位，并通过测量对角线确保柜身方正。

8. 插入柜子的背板

当柜子装配方正后，在半边槽的边角位置滴上一滴胶水，然后将背板插入，并用无头钉固定到位。时刻记住你要钉入钉子的半边槽的位置和数目。

9. 用封边条为柜身做封边处理（可选步骤）

将封边条的内侧边缘与柜身的内部边缘对齐。先用电熨斗处理，并固定内顶板和底板边缘的封边条，然后包住两边。注意不要把封边条粘在转角处。再处理侧板封边条，使其在转角处叠加在内顶板和底板封边条上。

10. 为边角做封边处理（可选步骤）

使用锋利的美工刀在转角处切割匹配的对接接头。用侧板封边条提供引导，修剪内顶板和底板封边条。熨烫并固定转角处封边条。用美工刀沿柜子的外边缘修掉多余的封边条，并用锉刀清理其内边缘。不要忘了还要把顶板的裸露边缘做封边条处理。最后用砂纸把柜身和顶板表面打磨平滑。

11. 固定顶板

把顶板放在柜身上，顶板的两端应对称悬垂在侧板两

制作木制辅助靠山

如果想避免安全问题或不想破坏完美的原装靠山，你可以为台锯配备一个木制辅助靠山。

1. 只需将一块废木料贴在靠山上。

2. 将开槽锯片下放，使其刚好低于台面。

3. 将靠山滑动到开槽锯片上方，使开槽锯片露出一个半边槽的宽度。

4. 打开台锯，小心地将开槽锯片抬高到与半边槽宽度相当的高度。使部分开槽锯片位于辅助靠山下方。

木制辅助靠山可以保护标准靠山

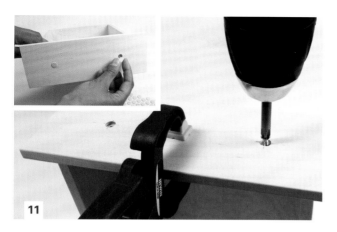

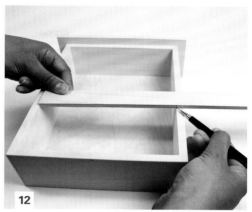

侧。顶板后缘应与柜身的背板齐平。将顶板夹紧到位，并用埋头钻钻2个孔。用6号×½ in（13 mm）规格的木工螺丝固定顶板。为了隐藏螺丝孔，使用饰面木板塞进行填补和修饰。我用的木塞购自李威利工具公司。

12. 测量和切割挂钩横木

将挂钩横木的一段顶住柜子的内边缘，同时在其另一端做标记，确定挂钩横木的长度。然后按标记完成切割。

13. 将挂钩横木黏合到位

在将挂钩横木黏合到位之前，先用台钻钻取用来固定挂钩的孔。将挂钩横木黏合到位，并借助3 in（76 mm）宽的间隔木和深度胶合垫块将挂钩横木夹紧。

14. 制作柜门

为柜门基板的正面预染色（7号部件）。待染色剂干燥，使用直角对齐夹具（见第182页）把冒头和门梃粘在柜门基板上。夹紧到位，确保每个对接接头上放置一个夹具。

15. 锯切图案

待柜门组件的胶水凝固，锯切图案。使用热胶枪将面板粘到一块废料衬板上。使用 1/16 in（1.6 mm）钻头在台钻上钻取线锯起始孔。使用2号或5号反向齿线锯锯片来锯切图案。

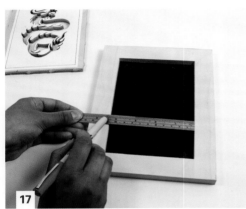

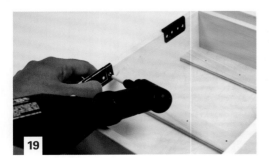

16. 为柜门组件封边

把溢出的胶水擦干净。切下一块 ¾ in（19 mm）宽且比柜门边缘略长的封边条。把封边条放在待处理的边缘上，用电熨斗从一端熨烫到另一端。然后用 J 形辊对封边条进行按压。我比较喜欢先把门的顶部和底部封边条的边缘修齐，然后再处理侧面的封边条。

17. 将面板锯切至所需大小

通过测量柜门凹槽的内边缘来确定面板的确切尺寸。在图样上画出新的轮廓线调整尺寸。使用 5 号反向齿线锯锯片将面板锯切到所需的尺寸。使用边缘打磨夹具清理面板的边缘（见第 179 页）。

18. 将面板粘到柜门凹槽中

在面板背面均匀滚涂上一层白胶。将面板放入柜门凹槽中。将一块凹槽尺寸略小的胶合垫块放在面板上并用夹子夹紧到位。

19. 安装铰链

我更喜欢先将铰链安装到钥匙柜上。为了钻取螺丝孔，我建议在电动螺丝刀上安装直角配件，并将一块遮蔽胶带粘在钻头上作为钻孔的深度标记。这样可以防止不小心把钥匙柜的侧板钻穿。

20. 安装柜门

用封边条废料作为垫片，将柜门嵌入柜身，柜门四周保持均匀的间距。柜门四周理想缝隙尺寸约 ¹/₁₆ in（1.6 mm）或一角硬币的厚度。在柜门上标记出铰链的位置并钻取螺丝孔。通过铰链将柜门固定到位。

21

21. 安装门扣

将门扣较大的组件安装在钥匙柜内侧中线稍向内的位置。用小型棘轮螺丝刀将部件拧紧到位。

22. 安装门扣较小的组件

把较小的门扣组件卡入较大的组件中。关上柜门轻轻按压。由于门扣背面几乎没有齿，因此这样做会在柜门内面将留下定位压痕。找到压痕定位小扣件，拧紧到位。

23. 安装球形柜门把手

我喜欢将门把手安装在柜门的中间位置。这不仅美观，而且可以防止柜门在打开时摇晃。使用直径 $5/32$ in（4 mm）的尖端镗孔钻头钻孔以安装螺丝。在柜门后放置一块背衬板可防止撕裂柜门。

24. 安装挂钩

用圆头钳在距挂钩横木两端 $1\frac{1}{4}$ in（32 mm）的位置分别安装挂钩。第 3 个挂钩居中安装。在背板上钻 2 个通孔，使用黄铜垫圈和吊框壁挂螺丝将柜子悬挂在墙上。确保墙壁上安装了合适的固定装置固定钥匙柜。

22

23

24

竹纹钥匙柜

钥匙柜的备选设计方案是竹纹设计。它与之前的龙纹钥匙柜在结构上是一样的，只是设计主题和颜色选择稍有不同。在东方文化里，竹子象征着吉祥。竹子在风水习俗里大有用处，它把金、木、水、火、土五种元素结合在一起，可以使家庭生活更加平顺。竹子很坚韧，用于家庭装饰可以增强能量的正向流动。由于红色在东方文化中同样被认为是吉祥的颜色，所以我选择把钥匙柜染成深红的桃花心木色调，以进一步增强这种象征意义。正如我在龙纹钥匙柜制作过程中提到的那样，如果你选择对钥匙柜进行染色，那么最好在胶合和组装之前对部件的内部进行预染色。竹纹钥匙柜门的处理方式也不尽相同。这次不是对柜门基板的正面进行染色，而是对柜门的冒头和门梃进行染色，然后把它们粘到柜门基板上。

待胶水凝固后，用封边条处理柜门的边缘，然后在面板上切割出竹子图案，染色后粘到柜门基板上。

竹纹钥匙柜图样
按照 110% 的比例复印

樱花古典风灯

工具和材料

- 台锯
- 胶枪
- 斜切锯
- 喷胶
- 3 号带夹
- 美工刀
- 凿子
- 油灰刮刀
- 木槌
- 透明胶带
- 胶棒
- 钢角尺
- 电木铣和电木铣台
- 直边铣头，直径 ¼ in（6 mm）
- 台钻
- 钻头，直径 ¹⁄₁₆ in（1.6 mm）
- 尖端镗孔钻头，直径 ²⁵⁄₆₄ in（10 mm）
- 2 号、5 号反向齿线锯锯片
- E6000（见第 7 页）
- 各种目数砂纸（含 320 目）
- 木工胶
- 低瓦数的吊灯灯泡
- 照明亚克力
- 斜切辅锯箱 / 夹背手锯
- 直径 ¾ in（19 mm）长度 ⁵⁄₁₆ in（8 mm）的圆木榫
- 染色剂（可选）
- 自选喷涂型表面处理产品
- 带插头和串联开关的电线
- 灯座
- 螺纹接头，直径 1¼ in（32 mm）
- 螺母和垫圈
- 硬纸套筒（带有短的螺纹接合器）
- 剥线钳
- 螺丝刀（十字头或一字头）

当你需要房间里的光线既不能太强也不能太暗时，木制的古典风灯是烘托气氛的绝佳选择。古典风灯相比之前的作品更具挑战性，当然你的收获也更大。这件作品制作起来有点难，我会逐步拆解并引导你完成制作，我们会一起收获成功！

该设计的线条简洁明白，具有明显的东方神韵。樱花图案进一步增强了美感。我采用了与相框相同的对比元素，将樱花的曲线与方格的刚性线条有机结合在一起。

我选用的木料是纹理漂亮的西方枫木。你还需要准备一些照明亚克力；一些灯具布线硬件（包括一个串联开关），一个低瓦数的吊灯灯泡和一把剥线钳，这些东西可以在任何家装店中找到。你还需要电木铣、电木铣台和直边铣头，用来铣削半边槽。如果没有的话，也可以用凿子手工开槽。

切割清单

部件编号	数量	部件名称	尺寸	材料
1	4	侧板	¼ in × 5 in × 8 in（6 mm × 127 mm × 203 mm）	西方枫木
2	4	支架	¾ in × ¾ in × 12¾ in（19 mm × 19 mm × 324 mm）	西方枫木
3	4	横档	¾ in × ¾ in × 4½ in（19 mm × 19 mm × 114 mm）	西方枫木
4	8	固定架	¼ in × ⅜ in × 4½ in（6 mm × 10 mm × 114 mm）	西方枫木
5	1	横撑	¼ in × 1¼ in × 4⁹⁄₁₆ in（6 mm × 32 mm × 116 mm）	波罗的海桦木胶合板
6	1	按钮	¾ in × ⁵⁄₁₆ in（19 mm × 8 mm）	圆木榫
7	4	背部垫板	合适大小	亚克力

樱花古典风灯图样

按照110%的比例复印2份

樱花古典风灯的制作步骤

1. 准备材料

使台锯锯片倾斜45°对1号部件（侧板）和4号部件（固定架）的所有侧面进行斜切。然后将刀片垂直设置，使用配有止位块的斜角规将侧板切割到指定长度。切割剩余部件，3号（横档）、4号（固定架）和5号（横撑）部件只需切割出大致的长度。

2. 给所有部件编号并设置电木铣

为所有部件编号。暂时保留照明亚克力的坯料长度和宽度。将直径 ¼ in（6 mm）的直边铣头安装到电木铣上，使电木铣靠山与铣头的后边缘保持齐平。我们需要在2号部件（支架）上开出 ¼ in（6 mm）宽、¼ in（6 mm）深的止位半边槽——用于按照1号部件。1号部件的确切长度，也就是从支架顶部起始、向下延伸的半边槽的长度为 8 in（203 mm）。

3. 铣削半边槽

用钢角尺在靠山上标记铣头前缘的位置。这个标记很重要，因为在铣削时，我们无法看到铣头。在支架上做标记用来指示半边槽结束铣削的位置。将支架末端的标记与靠山上的标记匹配并固定到位，将止位块夹在台面上，以确保所有支架组件的半边槽尺寸相同。

4. 在支架上铣削止位半边槽

在铣削深槽时，逐渐增加铣头上的铣削深度，分几次得到所需的深槽是很好的策略。这有助于减轻铣头压力，防止撕裂木料。小心快速地铣削半边槽，直至碰到止位块。每次进料都要使用安全推杆。

5. 将半边槽修整方正

你会注意到，电木铣铣头铣削得到的是圆角。可以使用木槌配合锋利的凿子，轻松地将圆角修整成直角。确保操作时将部件夹紧在木工桌上。

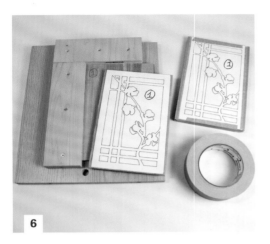

6. 堆叠侧板

使用直角对齐夹具（见第182页）将斜切的侧板堆叠在一起，并将其顶部对齐。个人建议每次堆叠2块侧板，因为4块侧板全部堆叠起来会有1 in（25 mm）厚，很难进行操作。可以在两层之间使用双面胶带，或者在边缘使用遮蔽胶带将木料固定到位。

7. 钻取起始孔

为台钻装入直径 $1/16$ in（1.6 mm）的钻头，钻取起始孔。

8. 锯切图案

首先使用2号或5号反向齿线锯锯片完成所有内部锯切。请记住，始终从中心开始向周边锯切，锯切的精细程度要求也是从中心向周边递减。

9. 排列侧板

打磨侧板背面以除去毛刺。将斜面侧板朝下放置，使用直边工具对齐侧板的顶部。并用透明胶带将斜接边的边缘粘在一起。

10. 胶合侧板

翻转组件，使斜切面朝上，在所有斜切面上均匀刷涂几层木工胶。

11. 把所有侧板粘在一起

将所有侧板立起并组装在一起，借助透明胶带将组件固定。在胶水凝固之前，通过测量对角线来检查组件是否方正。如果组件并不方正，可以沿较长的对角线夹上一个夹子。这样有助于在胶水凝固过程中使组件归于方正。

12. 切割固定架木条

我喜欢用线锯切割固定架木条，因为这是横切小部件最稳妥的方法。在距离线锯锯片⅜ in（10 mm）的位置安装一个尖端引导木条，这个距离与固定架木条的宽度一致。引导木条有助于锯片保持均匀的切割间距。逐次切割木条，一共需要8根固定架木条。

13. 切割安放横撑的槽口

在一组固定架木条上将横撑放好，标记出安放横撑的槽口宽度。槽口宽1¼ in（32 mm），深¼ in（6 mm）。为确保槽口准确对齐，将两根木条斜面朝内放置堆叠在一起，并通过双面胶带与横撑粘在一起。使用5号反向齿线锯锯片锯切槽口。

14. 黏合固定架

采用与制作侧板组件相同的手法黏合木条。在固定架组件可以完美地装入侧面组件后，用木工胶黏合固定架。

15. 切割横撑

将横撑坯料的一端修整方正。将方正端嵌入固定架组件的一侧槽口中，将自由端嵌入另一侧的槽口中。在横撑与固定架的外缘相交处做标记。最后，将横撑裁切到需要的长度。

16. 将圆木榫胶合到横撑上

使用斜切辅锯箱和夹背锯将直径¾ in（19 mm）的圆木榫切割到⁵⁄₁₆ in（8 mm）的长度，将其作为一个按钮，用来容纳直径⅜ in（9.5 mm）的螺纹接头以接入电线。用木工胶将按钮粘在横撑中心。使用快速夹将其固定到位。

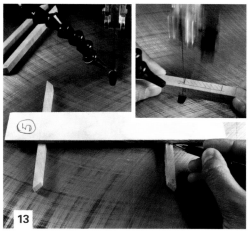

17. 钻取通孔

待横撑组件上的胶水凝固，确定并标记按钮的中心。使用直径 $^{25}/_{64}$ in（10 mm）的尖端镗孔钻头在横撑组件的中心钻一个通孔。

18. 黏合固定架

在固定架组件的外边缘涂抹木工胶。将有槽口的固定架粘在侧板组件底部，保持槽口朝上。将固定架夹紧到位等待胶水凝固。胶水凝固后，使用边缘打磨夹具（见第179页）将顶部和底部打磨平齐。

19. 将支架粘到侧板组件上

在将支架粘到侧板组件上之前，预先打磨每个支架部件的内侧。务必保持所有部件的边缘、转角方正。将木工胶涂抹在支架的半边槽上，并使用3号带夹将其固定到位。

20. 安装横档

检查组件是否方正。确定横档部件的确切长度。将横档的方形端面顶在一根支架部件的内侧边缘，并在其自由端与另一根支架部件的内侧边缘相交处做标记。用斜切锯或台锯将横档部件切割到所需长度。将横档部件黏合到支架上并夹紧到位。

21. 进行表面处理

待胶水凝固，使用各种目数的砂纸和打磨块将整个古典风灯表面打磨光滑。钝化所有的尖角和尖棱。打磨横撑组件。喷涂至少三层透明的涂料形成保护层。每个涂层都要用320目砂纸轻轻打磨。

22. 组装电路部件

组装灯具电路部件：带插头和串联开关的电源线、灯座、直径 1¼ in（32 mm）的螺纹接头、螺母和垫圈、硬纸套筒（带有短的螺纹接合器）、横撑组件、剥线钳和螺丝刀。

23. 将电源线连接到灯座上

使用剥线钳剥去电源线末端约 ¾ in（19 mm）长度的线皮露出两股铜线。将每股裸露的铜线分别扭成一束。在每束铜线末端制作一个开口环并绕在灯座的每个螺丝上。将表面的光滑的铜线连接到金色螺丝上，将表面粗糙的铜线连接到银色螺丝上。拧紧螺丝。

24. 将灯座组件连接到横撑组件上

将灯座组件插入横撑中央的孔中。然后插入垫圈，并用扳手将螺母拧紧到横撑的下表面。接下来滑动保护性的硬纸套筒套住灯座，盖住螺丝。最后将横撑组件嵌入并黏合到底部固定架的槽口中。

25. 粘贴亚克力面板

使用锋利的美工刀将亚克力面板切割到合适大小。通过制作一些刻线有助于做到这一点。在每块面板的周边涂抹一些 E6000，然后将面板嵌入并按压到位。在灯具底部安装防滑垫。装入一个不超过 25 瓦的吊灯灯泡，樱花古典风灯就完成了。

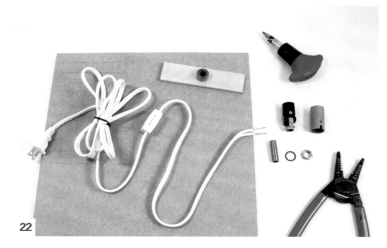

22

23

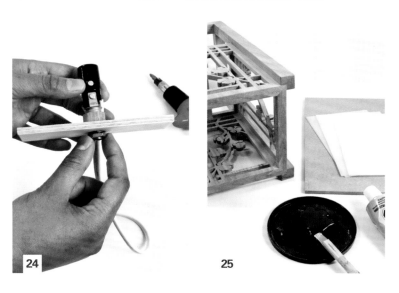

24　**25**

兰花古典风灯

备选设计方案是基于我对兰花的喜爱。兰花古典风灯的设计准则与樱花古典风灯是相同的。兰花古典风灯与兰花相框也很搭（见第47页）。我的设计是开发式的，你可以用相同的设计准则制作出相似或完全不同的作品。希望这个古典风灯系列能够为你的家居和办公室增光添彩。我选择给这款兰花古典风灯染色，如果你也决定这样做，你应该记住几个步骤。应在组装并黏合斜接的侧板组件之前对部件进行染色。同时，你还应该对支架的内侧和横档的内边缘进行染色——基本上，任何你认为在组装和黏合后难以进行染色的部分都要提前染色。当你准备粘贴黏合部件时，请使用遮蔽胶带粘贴所有可能的区域，以防止多余的胶水溢出。例如，在支架与侧板组件相交的内侧边缘，你可能会用到这种方式。

兰花古典风图样
按照 125% 的比例复印 2 份

第四章
墙饰

　　在这一章，我将介绍一系列的墙饰作品。无论是形状块还是尺寸，我对每件作品的处理方式都略有不同。第一件作品是由四块较小的正方形组成的大正方形。这是一个有趣的设计——你可以通过各种方式呈现对称元素。接下来的作品是基于大圆圈框架的镂空设计。在本章的一些被我称为墙面文身艺术的设计中，我还尝试使用了宝克力（Plexiglas®）品牌的亚克力板。通过使用透明亚克力板，我的设计可以与你家中墙壁的油漆颜色浑然一体。独特的分层墙饰使用多层木材叠加制作，带给你不一样的感觉。最后，是两件侧重精细镂空设计的作品，它们放置在精美简洁的框架中。无论你想要一件具有装饰焦点作用的作品，还是一件将美丽的配饰来装点角落，你都可以在这里找到。

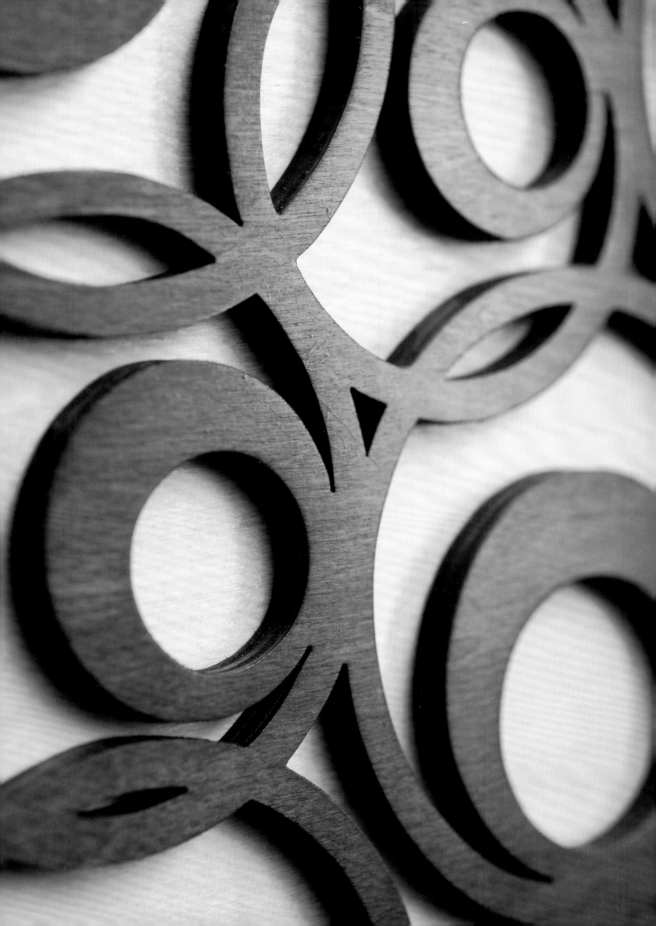

锦鲤四方墙饰

工具和材料

- 台锯
- 台钻
- 手持式电钻
- 钻头，直径 $\frac{1}{16}$ in（1.6 mm）
- 5 号反向齿线锯锯片
- 夹子
- 喷胶
- 木工胶
- 胶辊
- 尖端镗孔钻头，直径 $\frac{3}{8}$ in（9.5 mm）
- 喷涂型表面处理产品
- 染色剂
- 带胶封边条
- 热胶枪
- 胶棒
- 透明胶带
- 美工刀
- 锤子
- 砂纸（150~220 目）

这个作品与茶托烛台（见第 57 页）没有什么不同，它由四块独立的 8 in（203 mm）正方形木板组成，并共同组合成一个动态的艺术品。高度抽象化的锦鲤设计很像中国文化中常见的阴阳鱼图案。锦鲤是好运的象征，它也与坚持不懈和勇气有关。阴和阳代表对立面，就像存在于任何事物中的积极和消极力量。

这件作品的关键是完美地切割正方形，因为每个正方形是由两个部件层叠而成的，需要使用直角对齐夹具（见第 182 页）精确对齐。除了使用的悬挂系统有点难，这件作品制作起来还是很容易的。你所需要的只有一个直径 $\frac{3}{8}$ in（9.5 mm）的尖端镗孔钻头或平翼开孔钻头。这件令人惊叹的作品肯定会给你留下持久的印象！

切割清单

部件编号	数量	部件名称	尺寸	材料
1	4	顶板	$\frac{1}{4}$ in × 8 in × 8 in（6 mm × 203 mm × 203 mm）	波罗的海桦木胶合板
2	4	背衬板	$\frac{1}{2}$ in × 8 in × 8 in（13 mm × 203 mm × 203 mm）	波罗的海桦木胶合板

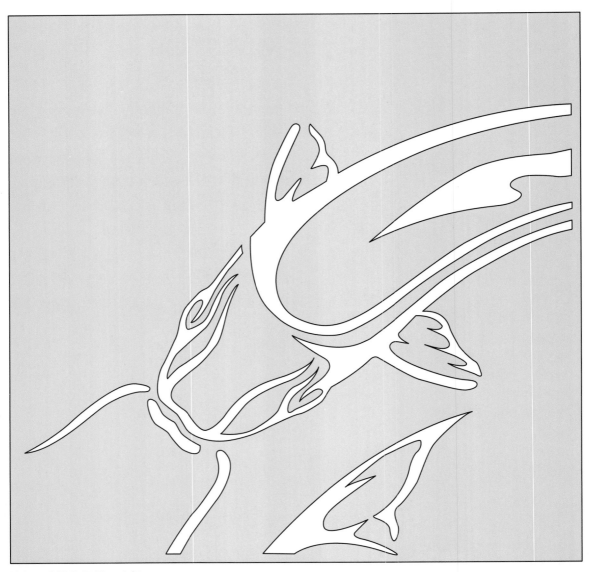

锦鲤四方墙饰图样，头部
按照 135% 的比例复印

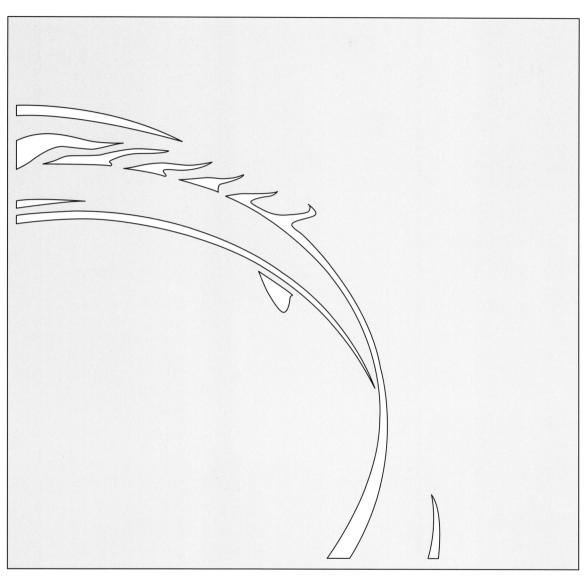

锦鲤四方墙饰图样，尾部
按照 135% 的比例复印

锦鲤四方墙饰的制作步骤

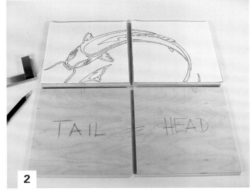

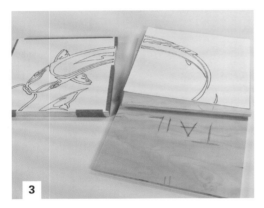

1. 用台锯切割所有部件

首先，使用台锯靠山切割出木板的新边缘。同样借助靠山将木板纵切到所需宽度，制作出两个平行的边缘。使用斜角规将木板的一端横切方正，这个操作非常重要。最后，使用带有止位块的斜角规将每块木板横切至所需长度。注意，每次切割都要把一条平行边缘顶在斜角规的靠山上。

2. 部件构图

由于精度要求非常高，请使用美工刀沿轮廓线精确切割图样（一个头部和一个尾部）。并为 ¼ in（6 mm）厚的顶板构图，使其纹理走向正确，并标记每个部件。使图样的边角与方形的顶板坯料匹配，并用喷胶将图样粘到坯料上。

3. 把配对部件堆叠起来

将下方的两块方形木板（没有贴图样的两块）旋转180°，以保持正确的纹理取向。将匹配的方形部件堆叠在一起，并用遮蔽胶带固定其边缘。在固定边缘之前，我使用直角对齐夹具仔细对齐每对堆叠木板。

4. 钻取起始孔

在台钻上使用直径为 ¹/₁₆ in（1.6 mm）的钻头钻取起始孔。确保对每块堆叠木板的背面进行打磨以去除毛刺，消除在用线锯切割图案时毛刺导致的问题。

5. 锯切图案

使用5号或更大的反向齿线锯锯片切出图案。在锯切图案的单锯切线（纹理）时要格外小心。

6. 对背衬板的正面进行染色

移除遮蔽胶带以分离堆叠部件。用150~220目的砂纸打磨所有部件。之后清除切口部位背面和正面的毛刺和粉尘。清理干净后，只将背衬板部件的正面染成所需颜色。我选择的是颜色层次丰富的玫瑰木色染色剂。

7. 制备夹具

为了精确对齐方形顶板和背衬板，请使用直角对齐夹具（见第182页）。将第一块染色的背衬板放入夹具中。

8. 将切割好的顶板粘到背衬板上

小心地在顶板底面均匀地涂抹胶水。然后，将顶板正面朝上小心地放在已经位于夹具中的背衬板上。

9. 夹紧部件

使用废木料作为胶合垫块将部件夹紧到位。确保可以使用任何手边的工具抬高直角对齐夹具，从而为夹子留出足够的间隙。

10. 为胶合板边缘做封边处理

待胶水凝固，将方形组件的所有边缘打磨平齐。把电熨斗调至"棉布挡"（无蒸汽），将带胶封边条粘贴到所有胶合板边缘并熨烫。使用J形辊或垫上废木料均匀按压，使带胶封边条充分黏附。使用锋利的美工刀小心地切掉多余的封边条。用锉刀将封边条边缘修整平齐。最后轻轻打磨抛光。

11. 钻取悬挂用的孔

根据墙壁方向，在每个正方形组件的背面编号。画一个箭头指示上方。在上边缘向内1¼ in（32 mm）并左右居中的位置标记孔的中心。按组件厚度的一半设置钻孔深度。使用直径为⅜ in（9.5 mm）的平翼开孔钻头或尖端镗孔钻头钻孔。特别注意不要钻穿组件的正面。

12. 为组件做表面处理

将每个方形组件放在干燥架（软木板和牙签）上，然后喷涂几层表面处理产品。每喷涂一层涂层都要充分干燥，然后轻轻打磨除去颗粒。

7

8

9

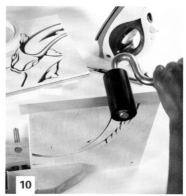

10

11

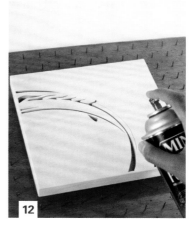

12

悬挂作品

水平仪可以在悬挂四方墙饰时派上用场。四块方木板间的间距约为 ¼ in（6 mm）

圆圈四方墙饰

这款备选的四方墙饰的图案布满了圆圈。重复的圆形图案使它颇具复古气息。这件作品沿用相同的方形设计四块方木板以四种不同的方式"旋转"。通过下方的设计图你可以感受到这一点。其制作过程与锦鲤四方墙饰基本相同。唯一的区别是每块堆叠组件使用的是相同的图样。为了进一步增强复古效果，我使用了染成深胡桃木色的顶板，背衬板则保留了天然原木色。

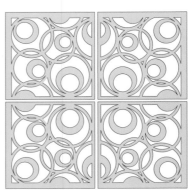

设计图

圆圈四方墙饰图样
按照 135％ 的比例复印 2 份

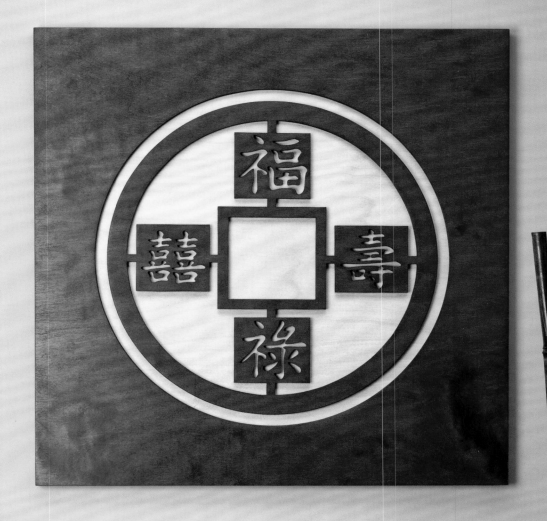

福禄寿喜中国铜钱墙饰

工具和材料

- 台锯
- 台钻
- 钻头，直径 $\frac{1}{16}$ in（1.6 mm）
- 平翼开孔钻头，直径 $\frac{3}{8}$ in（9.5 mm）和 $\frac{5}{8}$ in（16 mm）
- 不规则轨道砂光机
- 可用于台钻或圆盘砂光机的砂光鼓附件
- 5 号反向齿线锯锯片
- 木工胶
- 砂纸，各种目数
- 胶辊
- 夹子
- 偏置轮规／垫圈，半径 $\frac{1}{2}$ in（13 mm）
- 铅笔
- 卷尺
- 尺子
- 自选染色剂
- 自选表面处理产品
- 泡沫刷
- 电熨斗
- $\frac{3}{4}$ in（19 mm）带胶封边条（桦木）
- J 形辊或废木料
- 美工刀
- 锉刀
- 锁眼吊架
- 凿子，宽度 $\frac{1}{2}$ in（13 mm）和 1 in（25 mm）

圆没有起点和终点，代表着无限。它也给我们一种完整和合一的感觉。我的设计灵感是基于中国古代的铜钱。圆代表天，中心的方形开口代表地，也就是所谓的"天圆地方"。人们相信，这种合一能够带来繁荣和财富。我把铜钱的形状和寓意与四个汉字匹配，送出了对所有家庭的祝福。汉字按以下顺序阅读：顶部的"福"字代表"好运"；底部的"禄"字代表"富足"；右边的"寿"字代表"长寿"；左边的"喜"字代表"喜庆盈门"。我还用开口圆环装饰在铜钱周围，进一步增强了作品的造型冲击力。这绝对是一件活力四射的作品，它值得在你的家中占据某个醒目的位置——希望它带给你好运！

切割清单

部件编号	数量	部件名称	尺寸	材料
1	1	铜钱坯料	$\frac{1}{4}$ in × $14\frac{1}{4}$ in × $14\frac{1}{4}$ in（6 mm × 362 mm × 362 mm）	波罗的海桦木胶合板
2	1	框架面板	$\frac{1}{4}$ in × 19 in × 19 in（6 mm × 483 mm × 483 mm）	波罗的海桦木胶合板
3	1	背衬板	$\frac{1}{2}$ in × 19 in × 19 in（13 mm × 483 mm × 483 mm）	波罗的海桦木胶合板

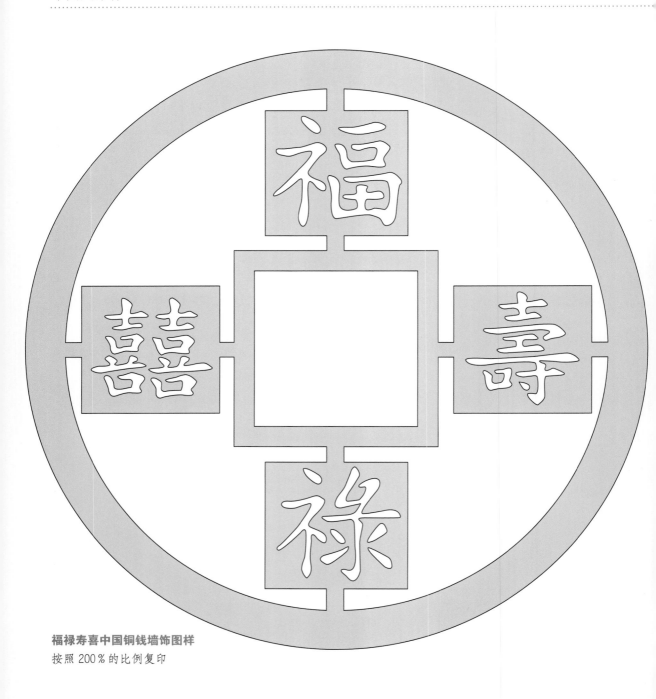

福禄寿喜中国铜钱墙饰图样

按照 200％ 的比例复印

福禄寿喜中国铜钱墙饰的制作步骤

1. 准备材料

　　在台锯上切割好所有部件并为其编号（见切割清单）。对于这件作品，我选择波罗的海桦木胶合板来保证稳定性，因为这件作品的部件比较大。

2. 钻取起始孔

　　用喷胶将图样粘贴在坯料表面，并在台钻上安装直径 $1/16$ in（1.6 mm）的钻头钻取起始孔。务必在台钻台面上放置一个废木料板提供支撑。

3. 锯切图案

　　用砂纸打磨掉铜钱坯料背面的毛刺。使用 5 号反向齿线锯锯片锯切图案。先锯切汉字。从中心向外锯切几何形状。

4. 切出轮廓

　　完成所有内部切割后，切出铜钱的圆形轮廓。要尽可能压线切割。或者，可以先切出大致形状，并在四周留出 $1/32 \sim 1/16$ in（0.8~1.6 mm）的余量，再打磨处理。

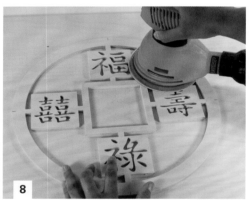
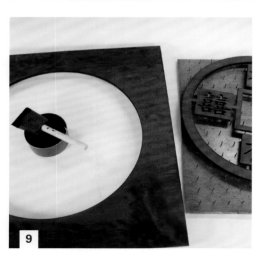

5. 打磨部件边缘

将铜钱部件打磨成最终尺寸。若要消除凹凸不平，可以使用圆盘砂光机或与台钻相连的鼓式砂光机进行打磨。调整台钻的主轴速度：软木对应750转／分，硬木对应1500转／分。制作一个辅助工作台，中心孔要比砂光鼓直径略大。将砂光鼓装入中心孔中，并用夹子或螺丝将辅助台固定到台钻台面上。注意砂光鼓的旋转方向。将部件逆旋转方向送入。

6. 标记加放量

将铜钱部件放置在框架面板的中央，确定铜钱部件对应的嵌入孔的位置。如果位置确定了，用半径 ½ in（13 mm）的垫圈或偏置轮规来标记 ½ in（13 mm）的加放量。同时标记出框架面板向上的面。

7. 切割铜钱嵌入孔

在靠近轮廓处钻一个引导孔。使用5号反向齿线锯锯片切割框架面板中央的嵌入孔。保留中心切口，以便稍后辅助黏合。如果没有砂光机，你必须手动打磨面板上的新切口。

8. 打磨所有部件

使用不规则轨道打磨机快速打磨所有部件，使其表面平滑。打磨铜钱部件时要格外小心。使用220目砂纸打磨或钝化铜钱部件和中心切口的锋利边缘。

9. 对铜钱部件和框架面板进行染色

用你选定的染色剂为铜钱部件的切口和框架面板染色。不要对背衬板进行染色——这样可以产生颜色对比的效果。

10. 胶合

将框架面板对齐背衬板。将这两个部件黏合并夹紧到位。在边角和所有侧面位置垫上胶合垫块，均匀分散压力。

11. 为胶合板边缘做封边处理

轻微打磨边缘进行整平后，在所有胶合板边缘铺设带胶封边条并熨烫。从框架的顶部和底部边缘开始。记得使用 J 形辊按压。首先修剪末端多余的封边条，然后沿边缘进行修剪。在修齐框架面板的侧面封边条后，还要为其染色。

12. 安装锁眼吊架

用平翼开孔钻头定位并钻出合适的孔，以放置锁眼吊架（见第 116 页）。

13. 胶合铜钱部件

把铜钱部件粘在框架面板中心。使用圆形废木料作为胶合垫块，将其放在铜钱部件上并压上重物——一本厚电话簿、一袋土、一盒杂志或书籍等。待胶水凝固，涂上表面处理产品。注意，每完成一个涂层，都要等待涂料完全凝固，然后轻轻打磨去除颗粒。根据需要涂抹多层。

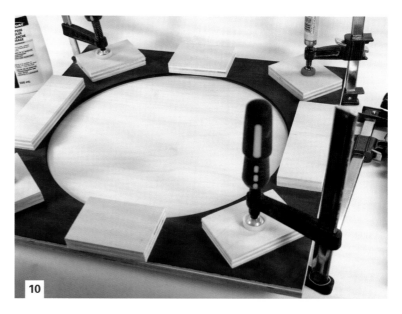

10

11

12

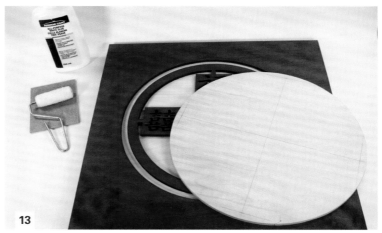

13

生命树墙饰

备选图案是一个具有真实存在感的动态片段。它能够为任何一个房间加入焦点。生命树是生长和力量的象征，它连接天空（树叶和树枝伸向天空）和大地（根植大地）。这个符号在东西方文化中具有普遍意义。这个图案和中国铜钱图案之间的唯一区别是尺寸，以及顶板的染色（深胡桃木色）——与保留天然色的背衬板形成鲜明对比。

生命树墙饰图样
按照 200％ 的比例复印

叶片纹墙饰

工具和材料

- 钻床
- 钻头，直径 ⅟₁₆ in（1.6 mm）
- 手持式电钻
- 5 号反向齿线锯锯片
- 亚克力板
- 美工刀
- 直尺
- 胶棒
- 单丝渔线
- 喷胶
- 塑料黏合剂
- 透明胶带
- 遮蔽胶带

这件作品造型奇特且极富动感。我本想为墙面添加一些图形元素，使其与既有的墙体颜色形成颜色对比。再三思虑之后，突发奇想——使用彩色亚克力板，这种材料可以表现出丰富的细节。但亚克力板并不是线锯常规的切割材料，可也正是为此才使得这件作品如此与众不同。所以，如果你想打破常规，获得出众的视觉效果，那么这件作品就是很适合你！

我选择了漂亮的红色不透明亚克力板来制作叶片。对不同的人来说，红色有着不同的意义。在中国文化中，红色代表好运和幸福。你要注意，这件作品需要加固切割出的叶片，因为它太脆弱了，无法单独挂在墙上。我用特制的塑料黏合剂把叶片贴在了一块透明的亚克力背衬板上。这个方法不仅提升了作品的强度，而且保留了与墙体的颜色对比效果，我在亚克力背衬板上钻了两个孔，以便穿入单丝渔线用来悬挂作品。

切割清单

部件编号	数量	部件名称	尺寸	材料
1	1	切割件	佛像：⅛ in × 11 in × 15 in（3 mm × 279 mm × 381 mm） 叶片：⅛ in × 14 in × 17 in（3 mm × 356 mm × 432 mm）	彩色亚克力板
2	1	背衬板	佛像：⅛ in × 15⅞ in × 19¾ in（3 mm × 403 mm × 502 mm） 叶片：⅛ in × 17¾ in × 20 in（3 mm × 451 mm × 508 mm）	透明亚克力板

叶片纹墙饰图样
按照 200％ 的比例复印

叶片纹墙饰的制作步骤

1. 设计放大图样

使用专业工具或者打印机的海报设置功能放大图样。如果使用扫描仪，你最后将得到四张打印纸大小的局部图样。展平并为四张图样依次编号。

2. 沿虚线切割

这一步和下一步都是建立在放大后的图样有四张需要拼接的基础上的。在需要切掉的图样边缘画阴影。用美工刀和直尺裁掉图样②、④的阴影边缘。

3. 拼接图样

使用胶棒将图样②粘到图样①上，将图样④粘到图样③上。最后，修整组合图样①②的底边，将其粘贴到下方的组合图样③④上。

4. 准备材料

对于这件作品，我们需要一块⅛ in（3 mm）厚的透明亚克力板作为背衬板，还有一块⅛ in（3 mm）厚的不透明红色亚克力板制作叶片纹。在需要的步骤到来之前，请不要事先揭下亚克力板的保护膜。此外，你还需要准备一些单丝渔线，用来把完成的作品挂在墙上。

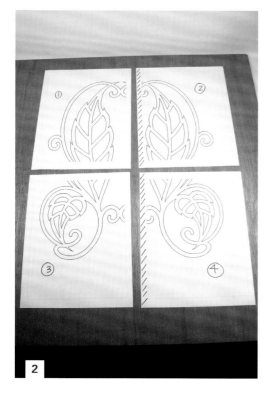

5. 粘贴图样

用喷胶将整块图样粘到红色亚克力板上。注意现阶段还不能撕下保护膜。然后在图样表面粘上几条透明胶带。这样能有效防止摩擦，使后续的切割更顺滑。

6. 钻取起始孔

使用装有直径 $1/16$ in（1.6 mm）或者更大尺寸钻头的台钻。为了得到一个整齐、周围没有毛边的起始孔，需要降低台钻的主轴转速，并确保所用的钻头足够锋利。如果你发现台钻的钻头喉部深度太浅，钻头无法抵达亚克力板的中央，那就只能换用手持式电钻来完成钻孔。

7. 锯切出图案

使用5号反向齿线锯锯片锯切图案，从中间开始锯切，逐渐向边缘移动。应把较大的平面留到最后锯切，这样可以为锯切过程提供尽可能多的支撑。

8. 切出最终形状

在完成所有内部切割后，装入一根全新的5号反向齿线锯锯片继续锯切，得到最终的图案形状。为了使作品边缘干净整齐、厚度一致，请始终沿图样轮廓线的内侧或外侧进行锯切。

> **用线锯切割亚克力板**
>
> 为了防止在切割过程中亚克力板熔化，请保持较慢的切割速度和稳定的进料速度，不要过快或过慢。为了安全起见，请使用线锯吹尘器并佩戴防尘面罩！

9

10

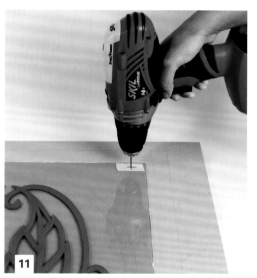

11

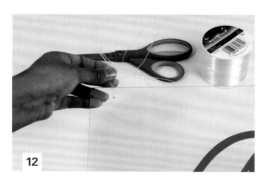

12

9. 将叶片部件放在一块透明背衬板上

从透明亚克力板的表面揭下保护膜。然后把切割好的叶片部件背面的保护膜揭下。将叶片部件放在透明亚克力板的中央。用遮蔽胶带标记出上下左右的位置。在用塑料黏合剂将叶片部件与背衬板粘在一起之前，请确保胶合面光洁无尘没有碎屑。

10. 将叶片部件粘贴到透明背衬板上

在你对叶片部件位置感到满意后，用塑料黏合剂涂抹在叶片部件背面不同位置上。塑料黏合剂适量即可，以免从边缘挤压溢出。将叶片部件牢牢按压在指定位置。用一块平整的木料垫板盖在叶片部件上并压上一些重物。静置至少 24 小时，使胶水充分凝固。

11. 钻出挂线孔

待胶水凝固后，将遮蔽胶带粘在组件顶部边角，标记出孔的大致位置，即距透明背衬板上边缘约 ¾ in（19 mm）、距左右边缘 1 in（25 mm）处。用直径 $1/16$ in（1.6 mm）的钻头打孔。使用一块废木板垫在下面，以防钻碎亚克力板。

12. 系上单丝渔线

将透明背衬板背面的保护膜揭下。取一截长度合适的单丝渔线，将其两端分别穿过钻好的孔并打上安全结。现在，这件作品可以挂在你家墙上一个显眼位置了。

佛纹墙饰

另一种图样方案是一个安详的佛像。"佛陀"的意思是"觉醒"。据说佛陀是真正洞晓万物本质的人。这件作品的设计在尺寸和颜色上不同于叶片纹图样。尺寸详见前面的切割清单。我选择使用黑色不透明的亚克力来进一步增强设计感。正因透明背衬板的衬托，佛陀仿佛飘浮在虚空之中。这件作品可以为你的家增添灵感。

佛纹墙饰图样
按照 200％ 的比例复印

骏马分层拼图墙饰

工具和材料

- 台锯
- 台钻
- 美工刀
- 喷胶
- 白胶
- 自选染色剂
- 夹子
- 遮蔽胶带
- 直尺
- 泡沫刷
- 掌上磨光机
- 钥匙孔挂钩
- 5 号反齿线锯锯片
- 钻头，直径 1/16 in（2 mm）
- 平翼开孔钻头，直径 3/8 in（9.5 mm）和 5/8 in（16 mm）
- 木工螺丝，4 号 × 3/8 in（9.5 mm）
- 手持式电钻
- 喷涂型表面处理产品
- 砂纸（各种目数）
- 凿子，宽度 1/2 in（13 mm）和 1 in（25 mm）
- 木槌
- 垫片，厚 1/8 in（3 mm）

接下来的这件作品在迄今为止我们介绍过的作品中也是非常别致的。我当时正在测试深度对视觉效果的影响，以及如何以一种易懂且易操作的方式来实现它。最终的视觉效果令人震撼——不同的板层创造出了不同的视觉平面。这匹马的设计只是我的中国生肖系列的扩展而已，但它却完美地化身为分层拼图样式的墙上艺术品。这件作品制作简单，画面也是直截了当，你要做的只是将所有的部件和板层组织规划好。我简单地为每个部件做了相应地标记或编号。为了增加层次感和颜色对比，我为背衬板进行了染色。请注意，中间层是没有背衬板的，因为底层将会充当它的背衬板。

切割清单

部件编号	数量	部件名称	尺寸	材料
1	1	底层	1/8 in × 7 1/4 in × 14 5/8 in（3 mm × 184 mm × 372 mm）	波罗的海桦木胶合板
2	1	底层背衬板	1/2 in × 7 1/4 in × 14 5/8 in（13 mm × 184 mm × 372 mm）	波罗的海桦木胶合板
3	1	中层	1/8 in × 3 5/8 in × 12 7/8 in（3 mm × 92 mm × 327 mm）	波罗的海桦木胶合板
4	1	顶层	1/8 in × 1 15/16 in × 9 11/16 in（3 mm × 49 mm × 246 mm）	波罗的海桦木胶合板
5	1	顶层背衬板	1/8 in × 1 15/16 in × 9 11/16 in（3 mm × 49 mm × 246 mm）	波罗的海桦木胶合板

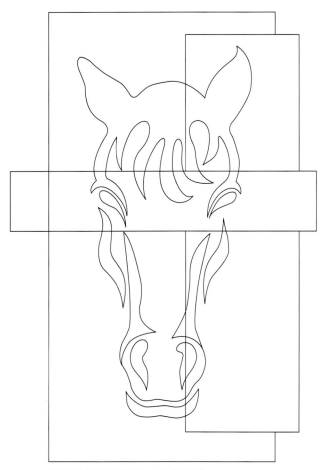

骏马分层拼图墙饰，组合图样

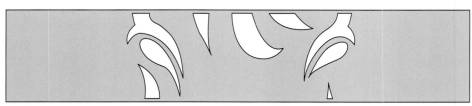

骏马分层拼图墙饰图样，顶层，4号部件

按照 200％ 的比例复印

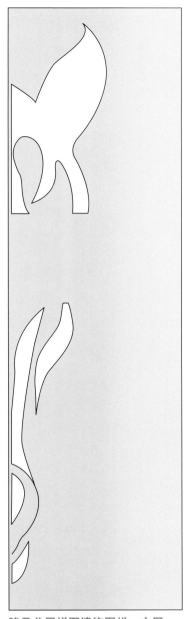

**骏马分层拼图墙饰图样，中层，
3号部件**
按照 200% 的比例复印

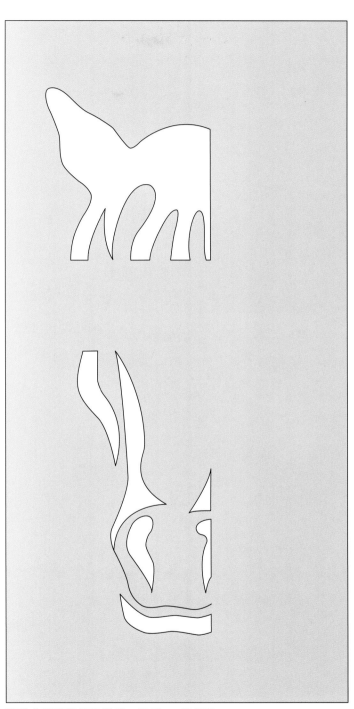

骏马分层拼图墙饰图样，底层，1号部件
按照 200% 的比例复印

骏马分层拼图墙饰的制作步骤

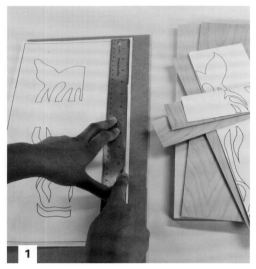

1. 准备图样和坯料

切割部件，并为所有木质部件和图样编号。保持材料有序至关重要。使用锋利的美工刀沿着图样的边缘小心切割，使图样与木坯料对号匹配。

2. 把图样粘在对应部件上

使用喷胶将图样粘在对应部件上。用遮蔽胶带将废木料垫底板粘在各个部件上。使用台钻为每个部件钻取引导孔。

3. 锯切底层部件（1 号部件）

首先锯切底层部件。使用 5 号反向齿线锯锯片效果最佳。从最复杂的曲线处开始锯切（即马的鬃毛）。

4. 锯切中间层部件（3 号部件）

接下来锯切中间层部件。时刻注意马鼻子周围的线条。注意不要越过切割线。在距离边缘约⅛ in（3 mm）的位置停止锯切，然后倒转锯片，小心地完成锯切。

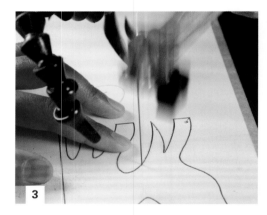

5. 锯切顶层部件（4 号部件）

最后，锯切出顶层部件的图案。

6. 遮盖底层部件

锯切出所有部件，并将其表面打磨平滑，规划所有板层，包括背衬板。在底层部件上标记出中间层部件与其重叠的位置，使用遮蔽胶带，将重叠部分之外的区域遮盖。按压遮蔽胶带，以确保遮蔽胶带粘牢。

7. 染色

将底层部件遮掩后，小心地重叠部分染色，用刷子从遮蔽胶带边缘向中间刷涂。这样可以防止染色剂渗入遮蔽胶带之下。同样使用这种方法给底层背衬板（2 号部件）和顶层背衬板（5 号部件）染色。

8. 胶接背衬板

待染色剂干透，从底层部件上小心揭下遮蔽胶带。在直角对齐夹具（见第 182 页）帮助下，在底层部件和顶层部件的背面分别均匀地刷涂一层白胶。将其与相应的背衬板对齐并夹紧。暂时不要装配中间层部件。

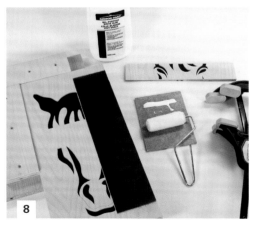

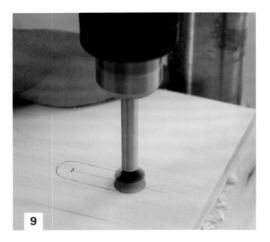

9

10

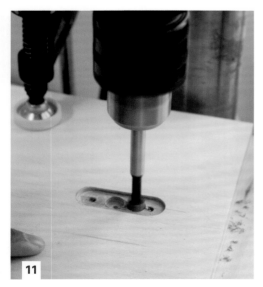

11

12

9. 为锁眼吊架钻孔

将挂钩设置在组件顶缘向下约 1¼ in（32 mm）的居中位置，并勾勒出吊架的轮廓。在距离吊架顶部和底层边缘 ⁵⁄₁₆ in（8 mm）处各做一个标记，帮助你定位并钻取最初的孔。为台钻装配直径 ⁵⁄₈ in（16 mm）的平翼开孔钻头，并将台钻钻孔深度设置为组件表面之下大约 ⅛ in（3 mm）。从 ⁵⁄₁₆ in（8 mm）的标记处开始，覆盖吊架的轮廓区域。

10. 将侧面凿切方正

用一把宽 1 in（25 mm）的凿子，以削凿的方式将侧面凿切方正。如果木料较硬，可以使用木槌。用一把稍小的凿子将间隙孔中木料清出。当两侧凿切方正后，检查下开孔与吊架是否匹配。没有问题后，将吊架中心开口标记到开孔上。

11. 为吊架钻孔

为了容纳用于悬挂的螺丝头，还需要在开孔中钻取几个 ⅜ in（9.5 mm）的间隙孔。为台钻安装直径 ⅜ in（9.5 mm）的平翼开孔钻头并小心钻出约 ⅛ in（3 mm）深的重叠孔。再将两侧凿切方正。当你对吊架孔满意后，钻出螺丝孔，并用 4 号 × ⅜ in（9.5 mm）长的木工螺丝来固定吊架。

12. 组装不同板层部件

顶层部件之下需要垫几块 ⅛ in（3 mm）厚的垫片，以防止顶层部件变形和断裂。首先将中间层部件喷涂放定位并黏合到底层部件上。在最后黏合顶层部件之前，先在底层部件上粘上几块垫片。待胶水凝固，喷涂表面处理产品。

蝴蝶分层拼图墙饰

备选设计方案是漂亮的蝴蝶图案。蝴蝶是我最喜欢的主题。这件作品的不同之处在于我使用了桃花心木色的染色剂将背衬板染成了颜色层次丰富的红褐色。另一个不同之处在于尺寸。详细的尺寸数据见下页图样。当然，你也可以根据自己的喜好调整图样大小。记住使用垫片来加固顶层部件并使其保持平整。

蝴蝶分层拼图墙饰，组合图样

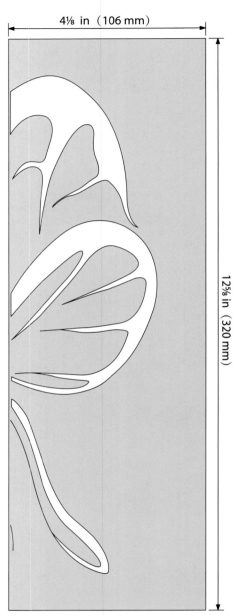

4⅛ in（106 mm）

12⅝ in（320 mm）

蝴蝶分层拼图墙饰图样，顶层，4号部件

按照 200 ％ 的比例复印

3⅝ in（91 mm）

9 in（229 mm）

11¾ in（300 mm）

15⅝ in（384 mm）

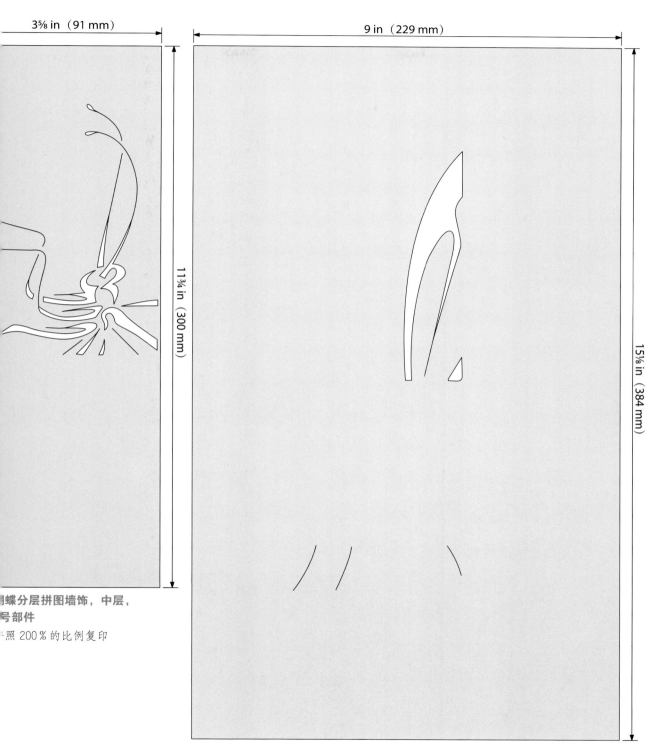

蝶分层拼图墙饰，中层，
号部件
照 200％ 的比例复印

蝴蝶分层拼图墙饰图样，底层，1号部件
按照 200％ 的比例复印

绿精灵框架墙饰

工具和材料

- 台锯
- 斜切锯
- 台钻
- 方栓插槽夹具
- 木工胶
- 喷胶
- 热胶枪
- 开槽锯片（可选）
- 钻头，直径 1/16 ~ 1/8 in（1.6 ~ 3 mm）
- 2 号、5 号反向齿线锯锯片
- 自选染色剂（可选）
- 燕尾榫锯 / 多功能锯
- 手持式电钻
- 喷涂型表面处理产品
- 砂纸，150 ~ 320 目
- 木工螺丝，6 号 × 1/2 in（13 mm）

- 胶棒
- 挂图线
- 环眼吊钩两个
- 透明胶带
- 带夹
- 掌上砂光机
- 遮蔽胶带

这件作品的设计灵感源于绿精灵的神话故事。绿精灵象征着春天的重生和成长，同时他还是森林的守护者。这位神祇的形象经常出现在教堂中，雕刻在石头或者木头上。

我的设计因为包含大量的曲线和转折而显得非常复杂。在耗费 6 根线锯锯片之后，你会得到一件外观精致，且异常牢固的作品，因为切割之后整体形成了一种网状效果。这件简易的画廊风格框架在斜接转角处使用了方栓进行加固。我会介绍如何使用简单的定制台锯开槽夹具（见第 184 页）制作安装方栓的插槽。框架部件采用东方枫木制作。嵌入半边槽中的框架面板采用波罗的海桦木胶合板制作。你还需要 1/8 in（3 mm）厚的硬木来制作方栓。框架通过挂图线悬挂在墙上（线从螺纹环眼吊钩中穿过）这些材料可以在任何一家五金店或相框商店买到。这件作品肯定能让你学到很多！

切割清单

部件编号	数量	部件名称	尺寸	材料
1	1	图层面板	1/8 in × 10 7/8 in × 17 in （3 mm × 276 mm × 432 mm）	波罗的海桦木 胶合板
2	1	框架面板	3/8 in × 21 1/2 in × 28 1/2 （10 mm × 546 mm × 724 mm）	波罗的海桦木 胶合板
3	2	框架侧边	3/4 in × 1 1/4 in × 23 in 或 20 in* （9 mm × 32 mm × 584 mm 或 508 mm）	东方枫木
4	2	框架顶/底件	3/4 in × 1 1/4 in × 16 in 或 20 in* （19 mm × 32 mm × 406 mm 或 508 mm）	东方枫木
5	8	方栓	1/8 in × 1 in × 1 1/2 in （3 mm × 25 mm × 38 mm）	硬木

*注：带有*号的尺寸数据适合"精灵人"，另一个数据适合"观音"。

绿精灵框架墙饰图样
按照 200% 的比例复印

绿精灵框架墙饰的制作步骤

1. 准备木坯料

切割出图层面板和所有的框架部件。确保框架部件两端留有余量，便于后续步骤中斜切和斜接。之后根据切割清单，对所有部件进行编号。

2. 固定废木料背衬板

使用热熔胶将一块废木料背衬板黏着在图层面板之下。使用夹子将组件固定到位，并夹紧边缘。

3. 钻取起始孔

因为面板组件超过了大多数的台钻的纵深容纳量，所以可使用手持式电钻钻取起始孔。尽量使钻头垂直于面板钻入，以保证开孔正而直。钻孔时可以垫上一块废木板。

4. 锯切图案

小心锯切图案中的精细部分。从中间开始逐渐过渡到部件外缘。完成内部锯切后，锯切出部件的最终轮廓。这件作品中的网状结构虽然精细但强度极高，令人惊叹。

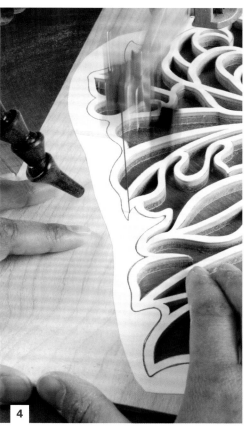

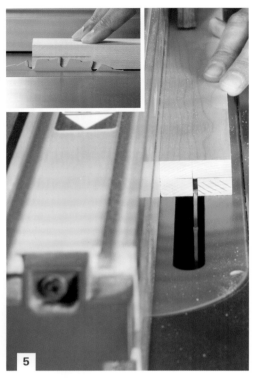

5. 在框架部件上切割半边槽

给台锯装上纵切锯片或两用锯片。在框架侧边、顶／底件上切割半边槽。我们使用单刃锯片代替开槽锯片，分两步操作。槽口 ¾ in（19 mm）深，⅜ in（10 mm）宽。设置锯片高度。然后对齐标记线和锯片内缘，以设置靠山和锯片之间的距离。务必使用推料杆进料。

6. 完成半边槽的最终切割

如法炮制切割出半边槽的另一侧。重新调整锯片高度和靠山距离。同样参考标线调整设置。为安全起见，要记住使用推料杆进料。同样要设置切割方式，使木屑从锯片上掉落，不会卡在锯片和靠山之间。

7. 切割斜接面

可以使用装有 45° 斜角规的台锯或设置为 45° 的斜切锯为边框侧边件切斜角斜面。首先在每个侧边件、顶／底件的一端切出斜面，然后设置一个止位块，以使每个部件得到完全相同的长度。

8. 组装框架

在黏合各个框架部件之前，应首先进行干接测试，并为所有斜接面编号。没有问题后，在所有斜切面上均匀涂抹一层胶水。拼接部件用带夹轻松夹紧框架。通过测量对角线来检查框架是否方正。

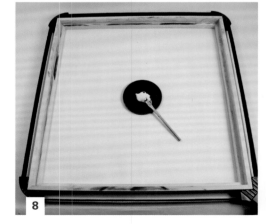

9. 为方栓画线

加入方栓可以加固框架的斜接边角。首先，在框架的一角为方栓画线。在该顶角两边 ¾ in（19 mm）处分别做标记，然后用直线连接两处标记。这条画线可用于设置锯片的高度。

10. 完成方栓画线

在顶角边缘标记出方栓的厚度线（通常对应于锯片的厚度）。我设定的这个距离，与框架正面边缘和背部边缘均为 ⁵/₁₆ in（8 mm）。这个距离为你提供设置台锯靠山与锯片之间的距离的参考。

11. 切割方栓槽

为了切割斜接面方栓槽，需要一个用废木料制作的简易台锯开槽夹具（见第 184 页）。在切割插槽之前，借助之前在框架正面的画线，设置锯片高度；借助在框架侧面的画线设置靠山和锯片之间的距离。将框架的一角放在托架上，将框架牢牢固定到位，将整个组件沿着靠山滑动通过锯片。每边角需要切出两个插槽。只需简单地将框架前后翻转操作，就可以完成插槽锯切（无须重新调整台锯靠山）。

12. 胶合方栓

在将方栓胶合进插槽前，请先测试方栓与插槽的匹配度！你可能需要打磨方栓以获得合适的厚度。在匹配没有问题后，将每个方栓适胶合到位，用力将其推入插槽中，确保方栓完全插到底。这一步不需要带夹。请注意，图中箭头指示的是方栓的纹理方向。

13. 将方栓修整平齐

使用燕尾榫锯或通用手锯小心修剪每个方栓直至其边缘高出框架边缘 ¹/₁₆~¹/₈ in（1.6~3 mm）。使用锋利的凿子、不规则轨道砂光机或者打磨块将方栓修整至与边缘齐平。

9

10

11

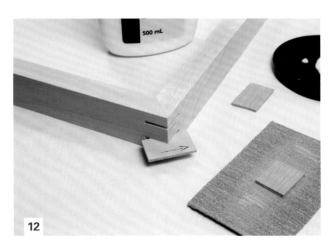
12

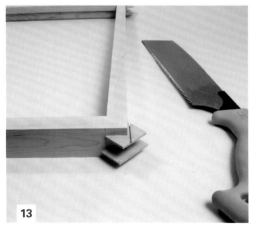
13

14

15

14. 为框架和图案部件染色

用打磨块小心地打磨图案部件，清除所有毛刺，去除废木料背衬板。我选用深色胡桃木色染色剂来为其染色。用一个大而浅的敞口容器调制染色液，浸染图案部件并取出，将其正面朝上放在双层纸巾上，吸干多余染色剂。接着用染色剂刷涂框架。

15. 安装框架面板

当你对框架面板与框架的匹配度感到满意时，用不规则轨道砂光机将面板打磨平滑。用6号 × ½ in（13 mm）木工螺丝，将框架面板安装到框架上。用铅笔在面板上标记半边槽的宽度，沿面板周边均匀设置螺丝孔的位置。钻出埋头孔，将面板插入框架的槽中，旋紧螺丝固定。这一步骤无须胶水。

16. 安装图案部件

将图案部件放在框架组件中央。在确定位置后，小心地在图案部件最边缘的几个点外贴上遮蔽胶带。在图案部件背面滚涂一层均匀的木工胶，然后对照遮蔽胶带标记将其重新放置到位。等待木工胶变干，同时用一个装满重物（比如书）的盒子压在上面。

16

17. 安装挂图线

为整个框架组件喷涂三层以上的透明表面处理产品提供保护。在框架背面，半边槽与框架面板边缘相交的位置，标记并钻取⅓框架部件厚度的斜孔。这些孔用于安装环眼吊钩。我倾向于将环眼吊钩成角度插入半边槽，这样更有利于框架悬挂时与墙面平齐。在框架每个侧边分别钻取一个斜孔，将挂画线的一端穿过第一个吊钩并打环结，再将这端的尾部剩余部分缠绕在线上。

18. 制作完成

通过找到框架的中线，并在边框顶端向下量出 1 in（25 mm）左右的位置做标记，确定挂画线的最终长度。用这根线连接剩余两点，比一比长短再把线留长一点。剪断挂画线，再将自由端穿过第二个吊钩打环结，缠绕余线即可完成。

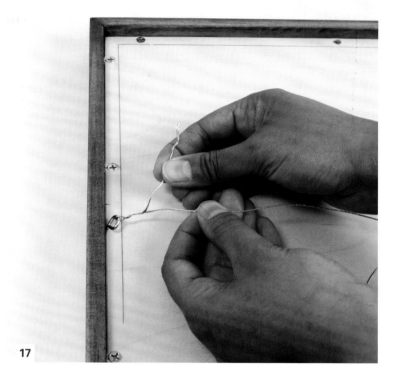

17

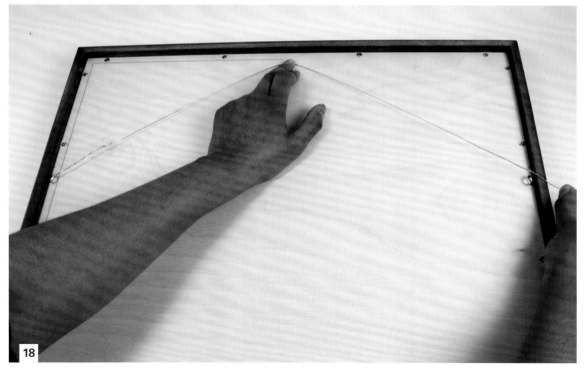

18

观音框架墙饰

备选设计方案是一个美丽的悲悯女神，即中国文化中的观音形象。观音是一位古老的神祇，她是女性的守护者，对人们充满慈悲怜悯之心。她普度众生，对天下苍生一视同仁。这款图案的不同之处在于部件的尺寸大小与"绿精灵"有所差别。详细尺寸数据请参阅图样。我用乌木色染料对图案部件进行染色。为了进一步突出设计效果，我把框架部件也染成了同样的颜色。

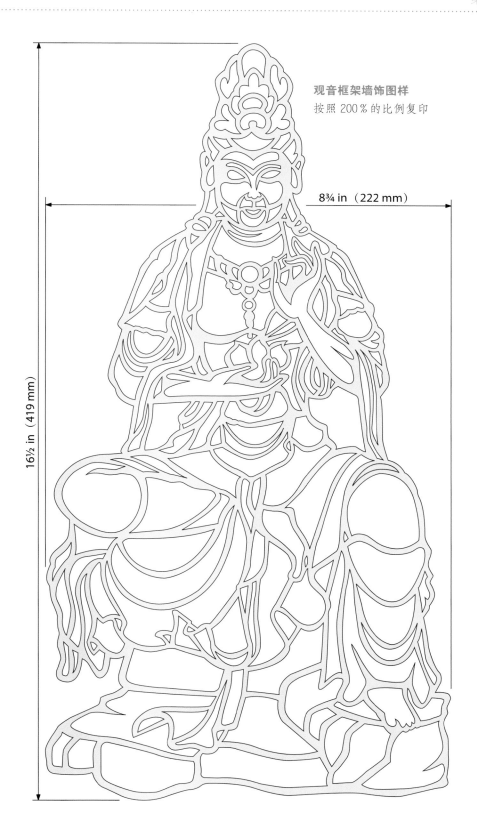

观音框架墙饰图样
按照 200％ 的比例复印

8¾ in（222 mm）

16½ in（419 mm）

第五章
办公配件

　　每个人的生活中都需要条理，尤其是在家庭书房。

　　接下来的作品将会展示，你如何可以拥有一个组织有序且格外美观的工作空间。这些作品包括简单优雅的笔筒、功能强大的桌面名片夹、实用且炫酷的桌面文件架、为办公室增添传统风情的纸巾套，还有最后但也同样重要的一个，备忘准备的、时尚且实用的磁力板。在本章中你会发现，之前所有的设计主题再次得到探索开发。通过简单地调整图案和尺寸大小，你可以拥有一组极佳的定制办公配件。

笔筒

工具和材料

- 台锯
- 台钻
- 木工胶
- 白胶
- 胶刷
- 遮蔽胶带
- 钻头，直径 $\frac{1}{16}$ in（1.6 mm）
- 2/0 号、2 号和 5 号反向齿线锯锯片
- 自选表面处理产品
- 自选染色剂
- 泡沫刷
- 蓝色纸巾或破棉布
- 干燥架
- 油灰刮刀
- 毛毡垫 / 防滑缓冲垫
- 砂纸（各种目数）
- 夹子
- 电熨斗
- 带胶封边条（桦木）
- J 形辊
- 美工刀
- 喷胶
- 双面胶带
- 透明胶带
- 卷尺
- 直尺

办公系列的第一件作品笔筒，有了它，你就可以在需要的时候立刻找到要用的笔。我对笔筒设计是"有机系列"的延续，在这个系列里，花朵流畅的曲线与框架的刚性线条形成鲜明对比，极具视觉冲击力。马蹄莲代表壮美，也是符合办公室气质的属性。这件笔筒是经过简单的斜切制作而成的。你的笔再也不会无家可归啦！

我这里还有两种备选设计方案供你选择。第一种备选设计方案是燕子的侧影。燕子被认为是健康、财富、忠诚和漫漫艰辛归家之旅的象征。

如果你期望为办公室增添一点圆形元素，那么圆形图案笔筒非常适合你！为了获得像照片中那样的反射效果，只需将装饰部件堆砌到两层那么高，你最后会得到两层部件，然后将每个相对的图案附加在每个堆叠部件上。如果你将所有四个装饰部件堆叠在一起，却只用了一半的图案，你就不会得到反射效果。不过这样制作也是可以接受的！

切割清单

	部件编号	数量	部件名称	尺寸	材料
装饰部件	1	4	侧板	$\frac{1}{8}$ in × $3\frac{1}{4}$ in × $4\frac{5}{8}$ in（3 mm × 83 mm × 117 mm）	胶合板
结构部件	2	4	侧板	$\frac{1}{4}$ in × 3 in × $4\frac{1}{4}$ in（6 mm × 76 mm × 108 mm）	胶合板
	3	1	底板	$\frac{3}{8}$ in × 3 in × 3 in（10 mm × 76 mm × 76 mm）	胶合板

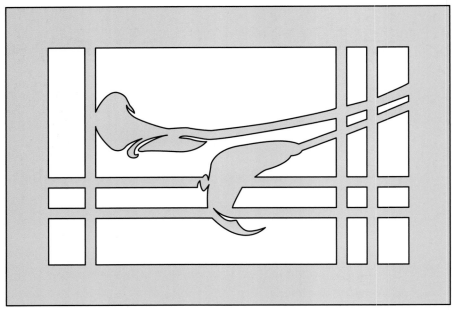

马蹄莲笔筒图样
按照 100％的比例复印

燕子笔筒图样
按照 100％的比例复印

圆圈笔筒图样
按照 100％的比例复印

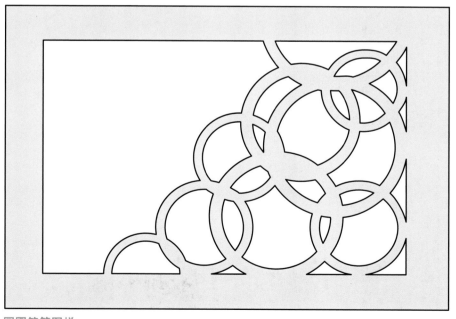

圆圈笔筒图样
按照 100％的比例复印

马蹄莲笔筒的制作步骤

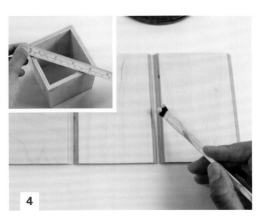

1. 准备木料

将台锯锯片倾斜 45°，并在装饰部件侧板的一侧边缘进行斜切。调整台锯靠山到所需宽度，完成另一侧边缘的斜边。使用配有止位块的斜切锯将笔筒侧板切割到所需长度。

用透明胶带连接装饰部件的侧板，测量外缠绕层需要的确切宽度。在台锯上用倾斜的锯片切割外缠绕层。最后，将台锯锯片倾斜至 90°，将外缠绕层切割成所需长度，将底板切割到所需尺寸。

2. 为所有部件编号

根据切割清单对每个部件进行编号。

3. 组装结构部件的侧板

使用透明胶带作为夹子，可以简单地把四块斜切侧板连接起来。将所有斜接的侧面沿直边对齐，并沿每条接缝粘上胶带（见第 75 页古典风灯作品部分）。在将侧面板黏合在一起之前，将部件内表面打磨光滑。

4. 为斜面涂抹胶水

翻转组件，使斜面朝上。使用胶刷在每个斜面上涂抹木工胶。不要遗漏外侧的斜面，将相邻斜面对接起来，将最后两个斜面对接即可完成组装。检查组装好的笔筒是否方正（如左图所示）。

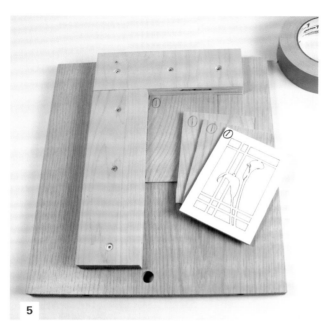

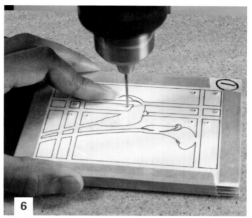

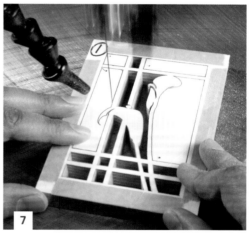

5. 堆叠装饰部件

在结构部件的胶水凝固后，对齐开始处理装饰部件。使用直角对齐夹具（见第 182 页）将四个装饰部件堆叠在一起。使用遮蔽胶带将所有堆叠部件粘在一起。你也可以在堆叠部件之间使用双面胶带完成连接。

6. 钻取起始孔

为了在用线锯锯切时更顺滑，可以在堆叠组件的正面粘上几条透明胶带。在台钻上用直径 $\frac{1}{16}$ in（1.6 mm）的钻头钻取起始孔。

7. 锯切图案

使用配备 5 号反向齿线锯锯片的线锯锯切图案，记得从作品的中间部分开始，逐渐延伸到边缘。

8. 为侧板结构部件染色

在结构部件的胶水凝固后，将其表面打磨平滑，同时保持方正状态。使用染色剂染色可以增强作品的颜色对比效果。作为替代方案，你也可以对装饰部件进行染色，同时保持结构部件的天然色，以此获得不同的颜色对比效果。

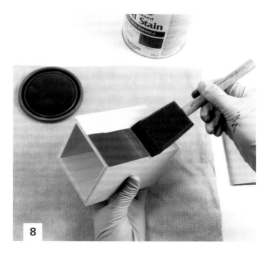

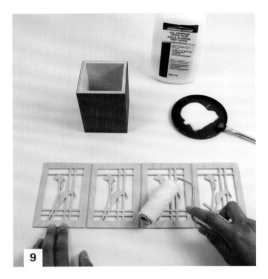

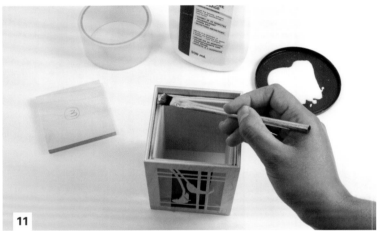

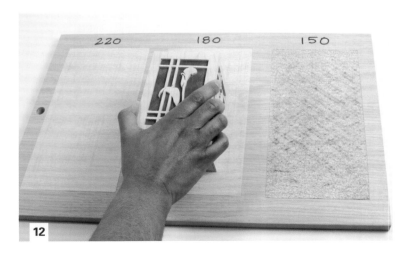

9. 黏合装饰部件

在等待结构部件上的染色剂干燥时，继续对装饰部件进行加工。轻轻打磨内部切口以除去毛刺。然后，与组装结构部件时一样，用透明胶带粘贴每个装饰部件的斜接缝。在结构部件的染色剂干燥后，在装饰部件的内表面均匀涂抹一层白胶。不要遗漏任何斜面。

10. 连接内外组件

将装饰组件倒置并包裹在结构组件外围。装饰组件倒置可以使笔筒的顶部自动平齐，还可以为底板形成一个半边槽，使用胶合垫块将装饰组件与结构组件夹紧，确保两个组件紧密黏合。

11. 插入底板

在涂抹胶水之前，确认底板部件与半边槽是否可以方正匹配。将一些木工胶刷在槽口上，插入底板部件。并将底板部件夹紧到位。

12. 打磨侧板

待组件胶水凝固，使用包含不同目数砂纸的多级打磨夹具（见第13页）将组件的侧面打磨平滑。

13. 打磨顶部和底部

　　使用多级打磨夹具将笔筒的顶部和底部打磨平齐。然后就可以对笔筒的顶部边缘进行封边处理了。

14. 为顶部边缘做封边处理

　　使用为钥匙柜边缘做封边处理的步骤（见第68页）。贴上带胶封边条并对其进行熨烫，然后用J形辊进行按压。不同的是，笔筒的带胶封边条是斜接而不是对接的，一定要确保带胶封边条的斜接与笔筒侧板的接缝精确对齐。

15. 打磨封边条的边缘

　　用美工刀切去多余的封边条，然后，小心地使用锉刀整理封边条的所有边缘，并轻轻打磨封边条的正面。喷涂透明的保护性涂料。最后，在笔架底部安装防滑垫。

13

14

15

mokajade designs

"embellishments for your home and person"

www.mokajadedesigns.etsy.com
www.flickr.com/photos/mokajade

roshaan ganief
roshie@shaw.ca
604.805.9241

名片夹

工具和材料

- 台钻
- 热胶枪
- 白胶
- 喷胶
- 胶棒
- 胶辊
- 钻头，直径 ⅟₁₆ in（1.6 mm）
- 2/0 号、1 号、2 号和 5 号反向齿线锯锯片
- 木工胶
- 迷你夹
- 透明胶带
- 双面胶带
- 遮蔽胶带
- 带胶封边条，桦木（可选）
- 电熨斗
- 砂纸（各种目数）
- 自选染色剂
- 浅容器
- 自选表面处理产品
- 美工刀
- 直尺
- 油灰刮刀
- 废木料背衬板
- 红色细毡记号笔

你是否需要一种在办公室、会议或工艺品展示台上展示名片的方式？我有一个非常棒的解决方案，既美观大气又便于旅行时携带：一件漂亮的可折叠名片夹。这个名片夹可以轻松容纳 70 张 2 in × 3 in（51 mm × 76 mm）名片。为了使名片夹可折叠，我使用了半搭接合的方式。这种接合方式的配对部件上各有一个深槽口，槽口深度为部件宽度的一半。我会介绍如何只使用线据来制作紧密匹配的半搭接合件的技巧。名片是一种很好的宣传工具，当你把它分发给潜在的消费者或客户时，它代表你的形象。因此，它既要具有吸引力，又要显得专业。一个精心设计和引人注目的名片夹能够提高你作为商务专业人士的信誉。

我重点讲解的图样是美丽的玫瑰图案设计，代表各种形式的爱。备选设计方案是在皮带扣作品中使用的蜻蜓图案的变式。

切割清单

部件编号	数量	部件名称	尺寸	材料
1	1	顶板	⅛ in × 3¾ in × 6⅝ in（3 mm × 95 mm × 168 mm）	波罗的海桦木胶合板
2	1	长背衬板	¼ in × 3¾ in × 6⅝ in（6 mm × 95 mm × 168 mm）	波罗的海桦木胶合板
3	1	短横档	⅜ in × 3¾ in × 3½ in（10 mm × 95 mm × 89 mm）	波罗的海桦木胶合板

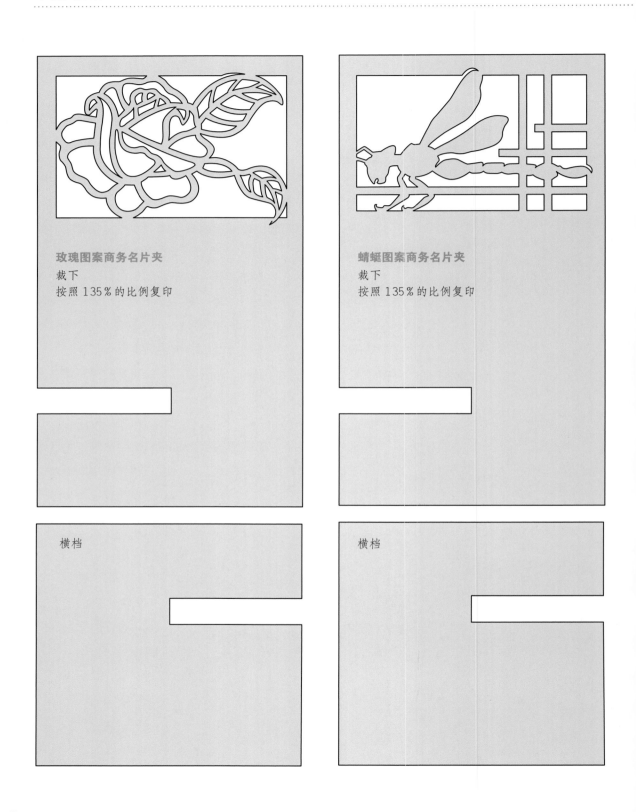

玫瑰图案商务名片夹
裁下
按照135％的比例复印

蜻蜓图案商务名片夹
裁下
按照135％的比例复印

横档

横档

玫瑰图案名片夹的制作步骤

1. 准备木料

　　根据切割清单切割部件，可以直接切出部件的最终尺寸。虽然这件作品部件很少，但为每个部分编号仍是必要的。由于所有部件已经切割到所需尺寸，所以最好用美工刀和直尺紧贴轮廓线切出图样。用喷胶临时将图样黏合到所需部件上。为了切割时更加顺滑，可以在图样上贴上几条透明胶带。

2. 把顶板粘在废木料背衬板上

　　用遮蔽胶带把顶板粘在一块废木料背衬板上（1 号部件）。我使用 ¼ in（6 mm）厚的桃花心木胶合板作为背衬板。

3. 锯切图案

　　在钻取起始孔后，使用 2/0 号或 1 号反向齿线锯锯片锯切所有内部部件。在锯切前一定要安排好顺序，不要搞混！半搭槽的切割线留待后面加工。

4. 在背衬板上粘贴切割好的图样

　　完成所有内部切割后，将切好的部件粘在长背衬板上。使用双面胶带暂时固定两个部件要谨慎使用胶带，以便分离。

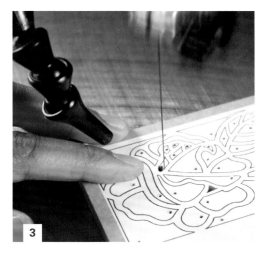

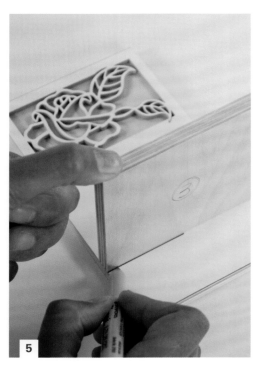

5. 精确标记半搭接合件槽口的宽度

在切割半搭接合件槽口之前，先将木料打磨平滑，然后使用红色细毡记号笔在配对部件上标出精确的槽口宽度，图样上的线条仅供参考，因为切割和打磨可能会改变木板的实际尺寸。请验证测量值以提高精确性。

6. 锯切长背衬板半搭接头

使用5号反向齿线锯锯片锯切顶板部件的半搭接头。尽量沿线的内侧锯切，使宽度线锯切后仍然可见。你可以随时去除多余的材料，但是你无法把切掉的材料补回去！随时测试两个部件的匹配度，并根据需要进行微调。

7. 切割横档的半搭接头

将顶部组件打磨平滑后，在横档上标记半搭槽口的宽度。使用5号反向齿线锯锯片切出半搭接头。测试部件，并进行必要的调整。

8. 分离废木料背衬板

在你对匹配度感到满意后，立即将叠层分开。标记每个配件非常重要，特别是在一次制作多个名片夹时。用一把油灰刮刀小心地把顶板与废木料背衬板分开。如果需要，可以为横档部件的外露边缘进行封边处理。

9

10

9. 上胶前对部件进行染色

打磨所有部件，使其表面平滑，并重点清除毛刺，将切割好的顶板和横档放入一个装满染色剂的托盘中，为它们染色。对于背衬板部件，只需对其背面进行染色，以形成与顶板的颜色对比效果。

10. 把顶板与背衬板粘在一起

在染色剂干燥后，使用胶辊在顶板件背面均匀涂抹一层白胶。将顶板准确粘在背衬板上并夹紧，确保精确插槽对齐，使用直角对齐夹具（见第182页）完成对齐。

11. 对胶合板的外露的边缘做封边处理

将所有边缘用砂纸打磨平整，将带胶封边条粘在外露的胶合板边缘。当然，这一步并不是必需的，但它可以使作品的外观更漂亮。完成封边处理后，用美工刀将多余的封边条裁掉。

12. 表面处理

小心地为未做表面处理的边缘染色，使用选定的表面处理产品建立保护性涂层。这个名片夹最大的优点在于它是可拆卸的，因此不需要把各个部件粘在一起。

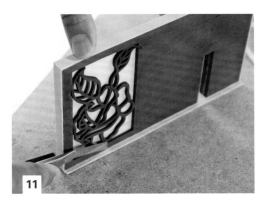

11

12

圆圈图案文件架

工具和材料

- 台锯
- 胶辊
- 开槽锯片
- 喷胶
- 台钻
- 美工刀
- 胶棒
- 夹子
- 钻头，直径 $\frac{1}{16}$ in（1.6 mm）
- 5 号反向齿线锯锯片
- 热胶枪
- 木工胶
- 白胶
- 迷你夹
- 透明胶带
- 遮蔽胶带
- 砂纸（各种型号目数）
- 不规则轨道式砂光机或打磨块
- 自选染色剂
- 自选表面处理产品
- 带胶封边条（桦木）
- J 形辊
- 电熨斗
- 油灰刮刀
- 锉刀
- 防滑缓冲垫 / 毛毡垫

如果你和大多数人一样，那么你的办公桌面上也一定乱七八糟地堆放了一些文件。为了帮助你改掉这种不良习惯，可以制作一个简单又美观的桌面文件架。这个文件架通过隔板来垂直地存放文件，达到有序组织的目的。

我要介绍的图样是一个浮动圆圈设计。圆圈被直线包围，以增加视觉对比。与名片夹一样，文件架在不使用时也可以拆卸。这是通过在支架上切割切口或横向槽，以及在隔板上切割相应的浅槽口来实现的。我使用波罗的海桦木胶合板来制作隔板，并用硬枫木制作支架。简洁而不失优雅的支架轮廓，为文件架的整体增加了东方风情。使用这个美观且功能强大的文件架，堆叠存放文件很快就会成为过去。

切割清单

部件编号	数量	部件名称	尺寸	材料
1	2	图案面板	$\frac{1}{8}$ in × 6 in × 9 in（3 mm × 152 mm × 229 mm）	波罗的海桦木胶合板
2	2	背衬板	$\frac{1}{8}$ in × 6 in × 9 in（3mm × 152 mm × 229 mm）	波罗的海桦木胶合板
3	3	隔板	$\frac{1}{8}$ in × 6 in × 9 in（3 mm × 152 mm × 229 mm）	波罗的海桦木胶合板
4	2	支架	$\frac{3}{4}$ in × $\frac{3}{4}$ in × 10$\frac{1}{4}$ in（19 mm × 19 mm × 260 mm）	硬枫木

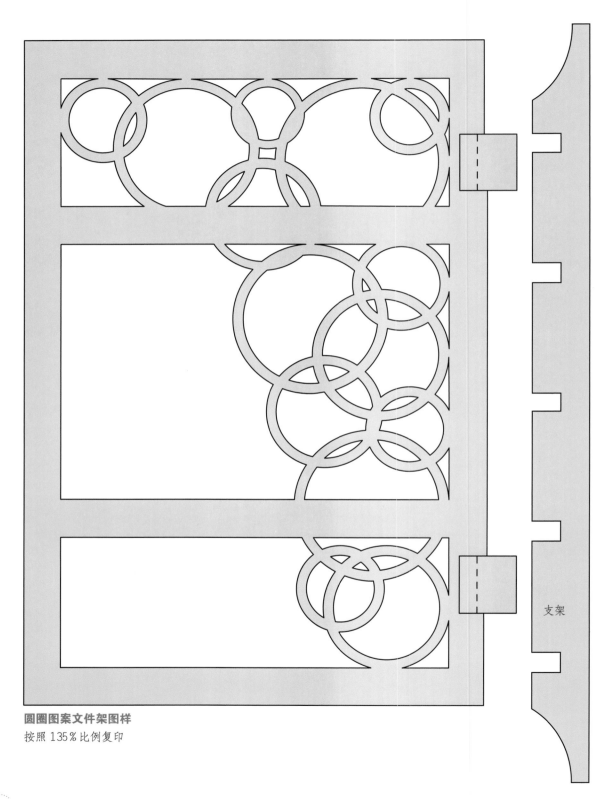

圆圈图案文件架图样
按照 135％ 比例复印

支架

圆圈图案文件架的制作步骤

1. 准备材料

使用装有组合锯片的台锯将所有部件切割到所需长度和宽度。组合锯片是一个很好的选择，因为它既可以进行纵切，也可以进行横切。在切割的同时为每个部件编号。

2. 堆叠部件

用直尺和美工刀将图样切割到精确的尺寸。使用喷胶将图样粘到部件上。借助可直角对齐夹具（见第182页），将两块图案面板堆叠并对齐。使用双面胶带或遮蔽胶带将堆叠部件粘在一起。

3. 钻取起始孔

在台钻上使用直径 $^1/_{16}$ in（1.6 mm）的钻头钻出合适的起始孔。钻孔时应使用新的废木料背衬板进行操作，并打磨掉堆叠部件背面的毛刺。

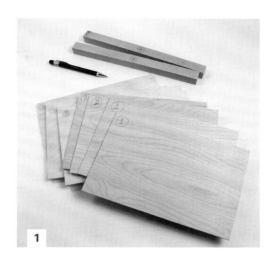

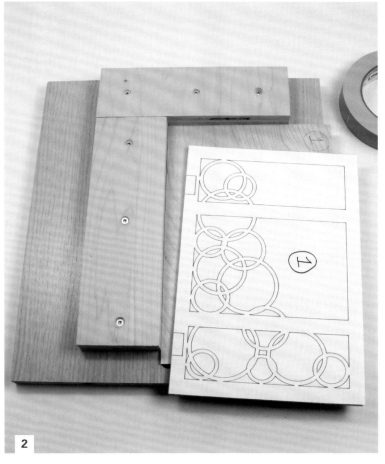

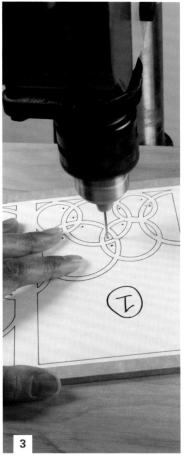

4. 锯切图案

使用选定的锯片在线锯上锯切图案。这个图案和先前的很多设计一样，包含很多尖锐的内角。先稍微切圆一点，然后再回退，并将其修整方正。在切割圆圈时，应保持部件平稳运动，避免卡顿或颠簸。

5. 打磨部件

完成所有内部锯切后，去除遮蔽胶带分离堆叠部件。打磨所有的隔板，包括图案面板和背衬板。你可以使用不规则轨道式砂光机或者配有各种目数砂纸的打磨块将隔板表面打磨平滑。

6. 将图案面板连接到背衬板上

使用选定的染色剂为背衬板的正面染色，以增强对比效果。使用直角对齐夹具精确对齐部件，将图案面板粘到背衬板上。使用胶辊在切出的图案部件的背面均匀涂抹白胶，然后将其粘到背衬板上。第二组切出的图案面板与背衬板上重复上述步骤。

7

7. 为外露边缘做封边处理

清除面板组件边缘挤出的胶水，贴上带胶封边条用电熨斗熨烫所有面板的顶部和侧面边缘（底部边缘无须封边）。由于带胶封边条宽 ¾ in（19 mm），而面板宽度仅为 ¼ in（6 mm），所以可以将封边条的长度减半，剖开使用。

8. 准备支架部件

将支架部件切割到精确长度，把支架图样贴在其中一块部件上。利用双面胶带将两个支架部件连接起来，确保两个部件的边缘和末端对齐。可以使用一些夹具将两个部件黏合牢固。

9. 准备支架上的槽口

由于支架图样上的线条只是参考线，因此最好根据它们标记出面板的精确厚度。握住面板使其紧贴参考线，标记出面板确切的宽度。接下来，利用支架上的标记设置锯片的高度。然后，再设置锯片和止位块之间的距离。

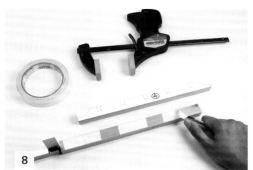

8

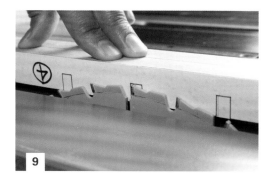

9

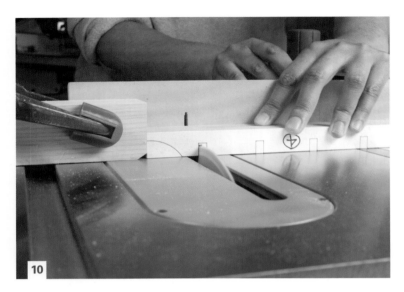

10. 进行第一次切割

实际上，大多数胶合板的厚度比标称厚度更薄，因此最好使用单锯片而不是堆叠式开槽锯片（双锯片）锯切。需要进行多次切割才能得到最终宽度的切口。第一个切口经过第一次切割后，将支架部件前后调转，以完成切口另一端的第一次切割。

11. 准备并切割内部切口

在两端的切口完成第一次切割后，调整止位块的位置以设置内部切口的切割。将支架部件前后调转来完成相对位置切口的切割。在靠外的两个内部切口第一次的切割完成后，拆下止位块，以便为中心切口进行第一次切割。由于中心切口只有一个，因此无须在此处设置止位块。

12. 扩宽切口

在完成对所有切口的第一次切割后，调整止位块以扩宽切口。将锯片与之前制作的标记对齐。完成第二次切割来扩大切口。同样将支架部件前后调转以完成末端的切口。

13. 完成所有切口

最好做一个额外的支架切割件来测试切口的匹配情况。在完成末端切口后，使用与之前相同的方法完成剩余切口的扩宽。

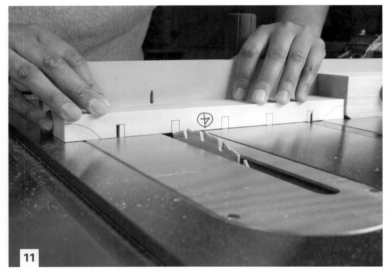

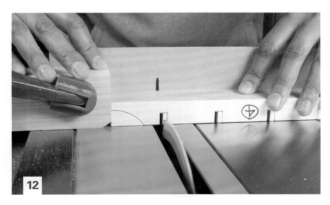

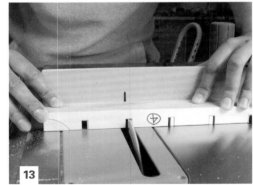

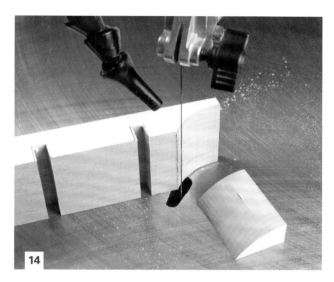

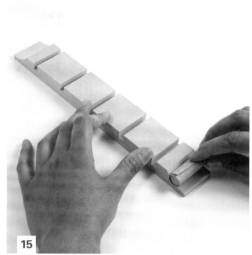

14. 切割出末端形状

在所有切口都完成后，继续切割支架的末端形状。使用配有较大锯片的线锯完成切割。

15. 打磨支架末端

在分离支架之前，使用直径 ½ in（13 mm）的圆木榫包上各种目数的砂纸。将支架末端打磨光滑。将支架分开，并在保持其方正的同时打磨其他所有边缘。

16. 切割面板上的切口

将支架的厚度尺寸标记在图案面板的底部边缘。根据这些标记设置台锯，在所有面板上切割出 ⅛ in（3 mm）的浅槽口。这些浅槽口将与先前制作的支架切口完美匹配。实际上相当于制作了一组搭接接合件。

17. 表面处理

这款文件架的优点在于可以在不用时拆下。而且，由于搭接接合很牢固，文件架不需要胶水。在文件架的所有部件表面喷涂透明的表面处理产品建立保护层。为了安全，请在通风良好的区域操作并佩带有机蒸汽呼吸器。

锦鲤图案文件架

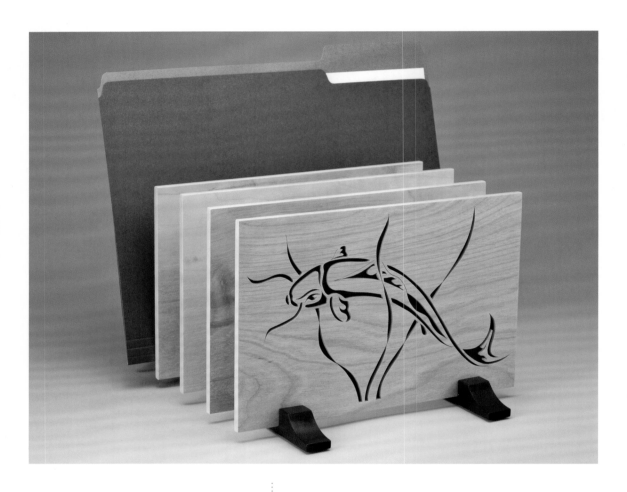

　　我为文件架作品设计的备选图样是抽象化的锦鲤设计的变式，我们已在四方墙饰作品（见第87页）部分讨论过。我只是舒展了鱼的造型，并增加了一些摇曳的水草以增加层次深度和动感。

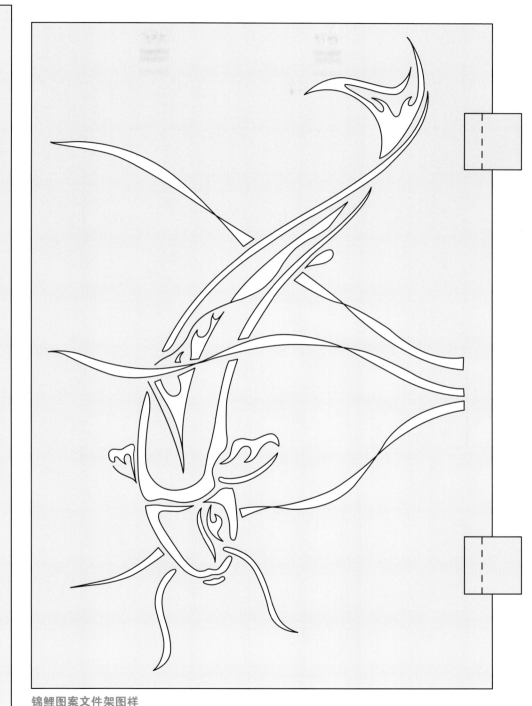

支架

锦鲤图案文件架图样
按照 125% 的比例复印

方格纸巾盒套

工具和材料

- 台锯
- 喷胶
- 钻床
- 打磨块
- 木工胶
- 夹子
- 白胶
- 双面胶带
- 胶辊
- 透明胶带
- 钻头（各种尺寸）
- 5 号或者更大的反向齿线锯锯片
- 胶刷
- 砂纸（各种目数）
- 遮蔽胶带
- 自选染色剂（可选）
- 浅容器
- 自选表面处理产品
- 废木料背衬板
- 细毡记号笔
- 防滑垫或毛毡垫（可选）

每个办公室都需要纸巾。就在我写这段话时，我发现自己每隔五分钟就会使用一张纸巾。我爱我的猫，但我的鼻子感觉完全不同。我想要装扮一下缺乏吸引力的纸巾盒。我最终想到了一个设计，我相信它适合从传统到现代风格的任何饰物。

该图样是相框作品中方格设计图样的一个变式（见第 54 页）。这些图样的通用性使你可以创造一整套精美的家居装饰物品。纸巾盒套适用于标准纸巾盒。如果你喜欢较大的盒子，调整图样尺寸即可。纸巾盒套包括两个子组件——内盒和装饰组件。两个组件都采用了斜接的接合方式，同样在台锯上完成切割。外部装饰组件在组装并与内部组件连接之前需要染色。不用擤鼻子的日子多么美好！

切割清单

	部件编号	数量	部件名称	尺寸	材料
内盒组件	1	1	顶板	¼ in × 5 in × 9½ in（6 mm × 127 mm × 241 mm）	胶合板
	2	2	内侧板	¼ in × 3⅛ in × 9½ in（6 mm × 79 mm × 241 mm）	胶合板
	3	2	端板	¼ in × 3⅛ in × 5¼ in（6 mm × 79 mm × 133 mm）	胶合板
装饰组件	4	1	外顶板	⅛ in × 5¼ in × 9½ in（3 mm × 133 mm × 241 mm）	胶合板
	5	2	侧板	¼ in × 3¼ in × 9¾ in（6 mm × 83 mm × 248 mm）	胶合板
	6	2	端板	¼ in × 3¼ in × 5½ in（6 mm × 83 mm × 140 mm）	胶合板

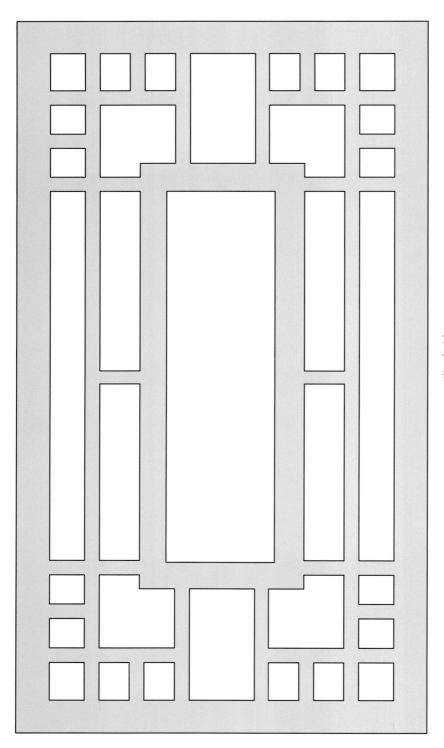

方格纸巾盒套图样，顶板，4
号部件

按照 125% 的比例复印

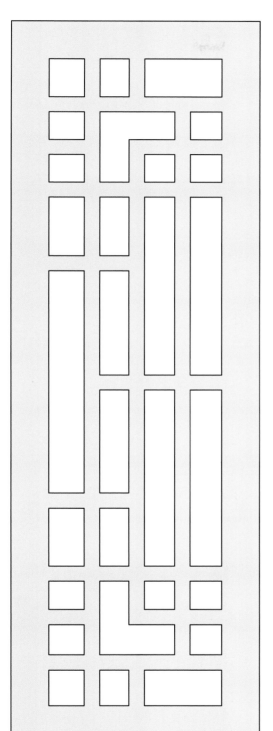

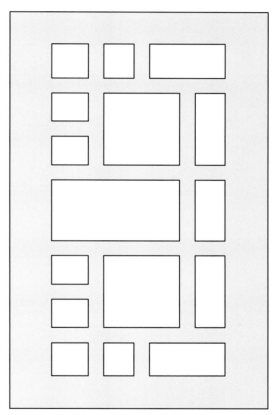

方格纸巾盒套图样，端板，6号部件
按照 125% 的比例复印

方格纸巾盒套图样，侧板，5号部件
按照 125% 的比例复印

方格纸巾盒套的制作步骤

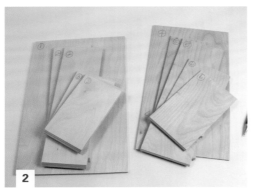

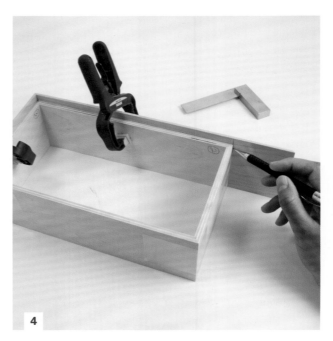

1. 准备材料

　　将锯片设置成与桌面成 90°，用台锯将盒套的侧板和端板切割到所需宽度。使用台锯，将锯片倾斜 45° 来切割内盒组件侧板和端板的斜接面。使用止位块可以保障相应的部件获得完全相同的长度。要为外部装饰组件留出的宽度余量，以便在稍后进行斜切。

2. 为所有部件编号

　　在切割每个部件时对所有部件进行编号，以此来跟踪所有部件的进度。始终将切割清单放在手边，以便随时进行参考。

3. 黏合内盒组件的部件

　　在涂抹胶水之前，务必对所有部件进行干接测试，以验证匹配度。如果你对匹配度感到满意，就可以用胶刷将木工胶刷在斜接面上并夹紧。记得检查组件是否方正。

4. 准备装饰组件

　　完成内盒组件的黏合后，继续切割装饰组件的端板和侧板斜接面。首先在端板和侧板的一端进行斜切。将端板夹到内盒组件上，使斜面的内侧板与转角对齐。然后将侧板的斜面夹紧抵住端板的斜面，并将内盒组件的长度标记到装饰组件的侧板上。这些标记用于引导锯片将侧板斜切到所需长度。重复此步骤完成端板的斜切。

5

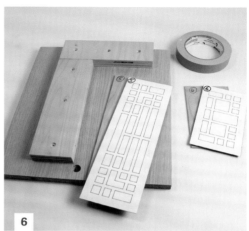

6

5. 获得顶板尺寸

　　用透明胶带将装饰组件暂时与内盒组件固定在一起。这样就获得了一个暂时的槽口半边槽，现在可以精确地测量开口的宽度和长度，并据此准备顶板部件。

6. 将装饰组件的部件堆叠在一起

　　使用直角对齐夹具（见第182页）将两块端板堆叠在一起，再将两块侧板堆叠在一起。确保图样已被切割到精确的尺寸，并被粘贴到对应的部件上。另外，确保堆叠部件的斜面朝下。将废木料背衬板连接到装饰组件顶板上。

7. 钻取起始孔

　　堆叠所有配对部件后，使用台钻钻取起始孔。尽可能靠近边角或轮廓线钻孔。

8. 锯切侧板和端板的图案

　　为了锯切得到方格图案漂亮清晰的内角，我们应首先用线锯做出圆角。我在图中锯切的圆角非常显眼是为了方便演示。正常锯切的圆角不会如此明显。要完成直角制作，只需简单地回切将圆角处理方正。

7

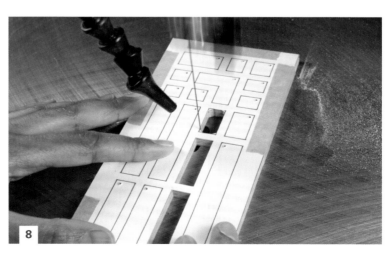

8

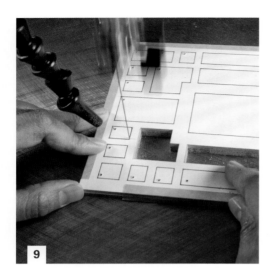

9. 锯切外顶板图案

用同样的方法锯切外顶板图案。将中心开口部分留待后续步骤切割。

10. 连接外顶板部件

借助直角对齐夹具，将外顶板切割件暂时与内部组件的顶板连接起来。标记每个对应的转角，以便在随后步骤中轻松组装。

11. 切出中心开口

在开口部分的边角处钻取起始孔。使用5号或更大的反向齿线锯锯片切割中心开口。切出开口后，不要将部件分开。

12. 临时粘贴所有部件

使用双面胶带临时固定所有部件。使用夹具确保各个部件黏合良好。

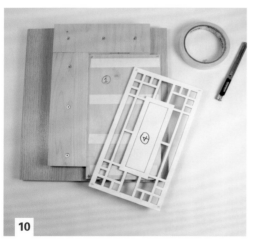

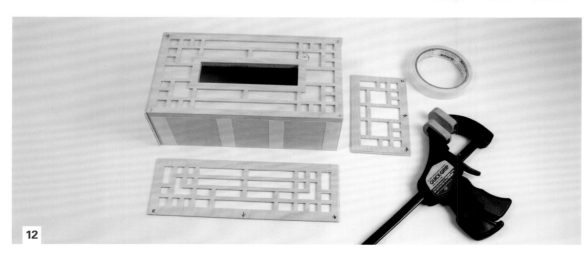

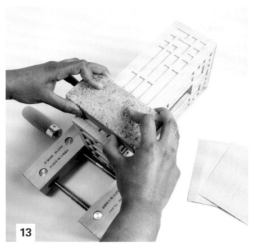

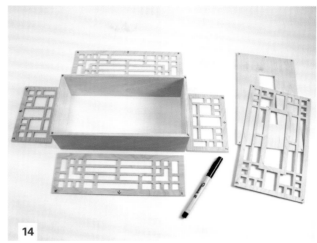

13. 将所有部件打磨平齐

使用配备各种目数砂纸的打磨块将所有侧板打磨平齐。使用装有整张砂纸的打磨夹具将部件的底缘打磨平齐。稍后用 220 目砂纸钝化所有边缘。

14. 标记所有部件

在所有部件都被打磨平齐后，将每个部件分开。确保在分离部件时用细毡记号笔标记每个对应的部件。用箭头标记出部件向上的方向。对于顶板部件，用 X 表示随后要黏合在一起的内表面。

15. 为部件染色

在浅容器中调配染色剂，将干净的部件浸入染色剂溶液中。使用由牙签和软木板自制而成的干燥架来晾制部件。

16. 用透明胶带连接端板

待染色剂干燥，用透明胶带将所有斜接端板连接起来。为了保护染色剂免受透明胶带的影响，同时防止胶水溢出，应首先用遮蔽胶带将斜接件的外端封闭起来。

17. 将内外组件连接起来

使用胶辊在切割部件背面均匀涂抹一层白胶，装饰部件环绕内部组件。借助之前制作的指示标记将每个对应的角对齐。将顶板粘在开口处。夹紧整个组件。

18. 表面处理

在胶水凝固后，用任何可用之物将纸巾盒套垫高。涂抹几层透明的表面处理产品建立保护涂层。注意，每层涂层干燥后都要轻轻打磨。最后在每个转角的底部安装防滑缓冲垫或毛毡垫，作品就完成了。

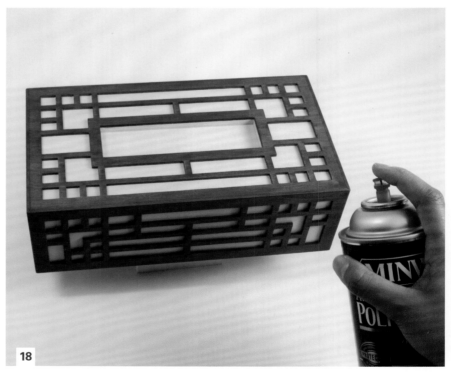

兰花方格纸巾盒套

这款作品设计的备选图样是之前在相框作品中使用的兰花设计图案的一个变式。在这里，我简单地调整了图样，使它适合纸巾盒套的侧板、端板和顶板的水平视角。

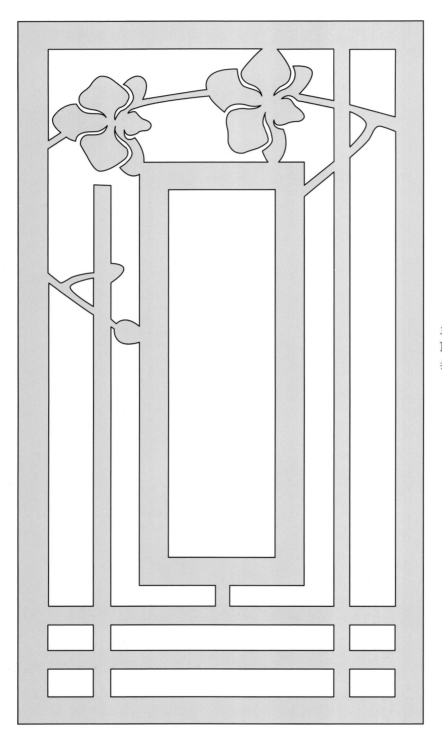

兰花方格纸巾盒套图样，
顶板，4号部件

按照125%的比例复印

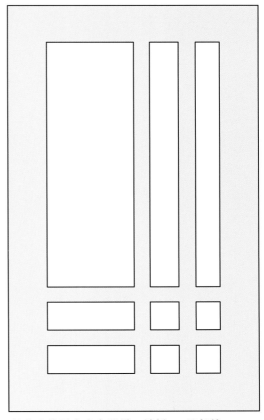

兰花方格纸巾盒套图样，端板，5号部件
按照 125% 的比例复印

兰花方格纸巾盒套图样，侧板，6号部件
按照 125% 的比例复印

凯尔特结磁力板

工具和材料

- 台锯
- 遮蔽胶带
- 金属板
- 铁皮剪
- 带夹
- 锤子
- 透明胶带
- 斜切锯
- 台锯开槽锯片（可选）
- 台钻
- 钻头，直径 1/16 in（1.6 mm）
- 5 号反向齿线锯锯片或自选
- 木工胶
- 接触型黏合剂（水基）
- 聚氨酯胶
- 喷胶
- 螺丝，4 号 ×1/2 in（13 mm）
- 手持式电钻
- 金属锉
- 直尺
- 胶刷
- 白胶
- 胶辊
- 美工刀
- 红色细毡记号笔
- 沃特科丹麦油（或自选油漆）
- 砂纸，150~220目和400~600目
- 毛巾
- 锁眼吊架
- 衬块，4 in × 4 in（102 mm × 102 mm）
- 直尺
- 平翼开孔钻头，直径 3/8 in（9.5 mm）和 5/8 in（16 mm）

这件作品是为了将两种截然不同的材料结合起来所做的实验，其关键在于如何在不使用可见紧固件的情况下将木料黏合到金属板上。选择正确的黏合剂用于正确的步骤非常重要。我在这件作品中使用了两种黏合剂，我会在接下来的介绍中详细讨论相关情况。

用于此作品的材料包括书签作品中使用的芬兰桦木胶合板，以及一块可赋予木材磁性的金属薄板。作品本身包括两个独立的框架，将它们挂在一起时会产生惊人的视觉效果。我建议你使用稀土磁铁，它们比冰箱磁铁中常见的片状磁铁磁力更强。在办公室悬挂这件作品肯定能吸引关注！

我选择的图案大致上是基于凯尔特结，我只是拉长了设计，使其带上了一些原始部落的设计效果。

切割清单

部件编号	数量	部件名称	尺寸	材料
1	2	图案面板	3/32 in × 12 in × 12 in（2.5 mm × 305 mm × 305 mm）	芬兰桦木胶合板
2	2	金属背板	1/64 in × 11¾ in × 11¾ in（0.4 mm × 298 mm × 298 mm）	金属薄板
3	2	框架面板	1/4 in × 11¾ in × 11¾ in（6 mm × 298 mm × 298 mm）	中密度纤维板（MDF）
4	8	框架构件	3/8 in × 1¼ in × 12 in（10 mm × 32 mm × 305 mm）	桦木胶合板

凯尔特结磁力板图样
按照 300% 的比例复印

凯尔特结磁力板的制作步骤

1. 准备材料

使用台锯将边框侧板切割成所需宽度。使用带止位块的斜切锯斜切侧板，并将侧板切到相同的长度。

2. 切割所有部件

根据切割清单将所有部件切割到指定尺寸，除了边框侧板，其他部件要稍大于最终尺寸，因为大部分部件需要适应性匹配。你还需要一把铁皮剪，将金属背板剪切到位。

3. 在框架侧板上开半边槽

为台锯安装一个 ¼ in（6 mm）宽的开槽锯片。在台锯靠山上安装一个辅助靠山，因为靠山需要紧靠锯片才能切割出宽度和深度均为 ¼ in（6 mm）的槽。如果你没有开槽锯片，那只能用单个锯片，通过持续移动和调整靠山来完成切割，直到获得 ¼ in（6 mm）宽的槽。

4. 组装框架

在所有半边槽被切割到所需宽度和深度后，用胶刷将木工胶涂到所有的框架斜接面上。使用带夹或透明胶带将边角夹紧。

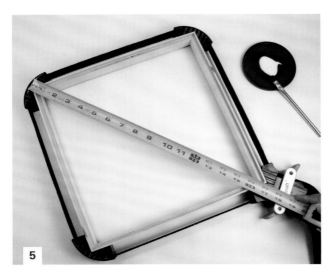

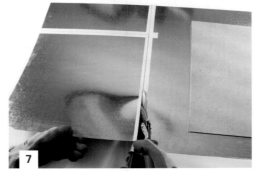

5. 检查相框是否方正

框架胶合之后，通过测量两条对角线的长度来检查框架是否方正。如果你发现一条对角线比另一条对角线长，则跨过较长的对角线夹上一个夹子，借助夹子提供的压力使框架回归方正。

6. 准备金属背板

通过测量从一侧槽口到另一侧槽口的距离，确定中密度纤维板框架背板的精确长度和宽度，然后将中密度纤维板切割到所需尺寸。使用中密度纤维板背板作为模板来确定金属背板的尺寸。在金属板上对应中密度纤维板背板大概轮廓线的位置粘上遮蔽胶带，然后将中密度纤维板背板放在遮蔽胶带上，用红色细毡记号笔出切割线。

7. 切割金属背板

使用一把铁皮剪沿切割线剪下金属背板。操作时请戴上一副优质的工作手套。为了避免或减少金属背板出现卷曲，请不要完全合拢剪刀。每次剪切少许，通过多次短程操作可以使金属背板的边缘更平滑。尝试沿切割线的外侧切割，这样金属背板会因尺寸略大于中密度纤维板背板而稍微悬挂伸出。

8. 整平金属边缘

你会注意到，切割好的金属背板边缘会有些卷曲，为了消除这些卷曲，请轻轻地用锤子将它们敲打平整。

9. 将金属背板粘到中密度纤维板背板上

在金属背板和中密度纤维板背板的内侧面标记 X，然后在这两个表面上刷涂或喷涂水基接触黏合剂。在通风良好的地方操作，待这两个表面变得有黏性，在两块板之间放置两块木条，当你将金属背板和中密度纤维背板对齐之后，

一次取下一块木条。使用胶辊向下压，使两块板子完全黏合在一起。由于金属背板超出中密度纤维背板，因此要用金属锉将金属背板的边缘锉平。

10. 将面板组件粘贴到框架上

使用胶刷将木工胶刷在半边槽的内侧。将背板组件插入框架的槽口并夹紧到位。

11. 钻取起始孔

这种设计有正面和背面的区别，因此不能进行堆叠切割。通过标记来区别正面和背面。使用遮蔽胶带将每块面板固定在到废料背衬板上。在台钻上使用 $^1/_{16}$ in（1.6 mm）的钻头钻取起始孔。并打磨掉面板背面的毛刺。

12. 锯切图案

使用 5 号反向齿线锯锯片锯切出图案。先锯切面积较小的区块，稍后在切割面积较大的区块。对于易碎的尖角区域，应先切割出圆角，再回切将其修尖。

13. 切出图案的轮廓

由于图样线条只是参考线，因此需要根据部件的匹配

10

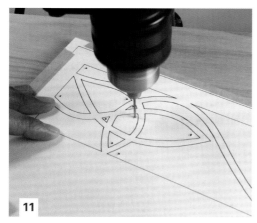

11

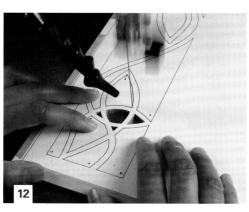

12

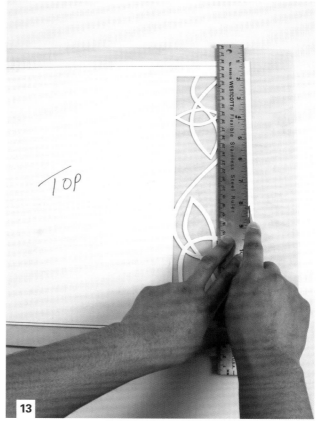

13

情况调整面板尺寸。使用红色细毡记号笔将框架组件的轮廓尺寸转移到切割好的面板上。然后，使用直尺和美工刀切出面板的轮廓。

14. 将切好的面板粘到框架组件上

使用一块薄废木料或硬塑料在切好的图案面板背面涂抹薄薄一层的聚氨酯胶（或任何可以黏合木料与金属的胶水）。这种胶水遇水分会固化，所以在将两种部件黏合之前，需要在金属板表面喷洒一些水。

15. 夹紧组件

使用两块 ¾ in（19 mm）厚的废胶合板充当垫板，小心地将切好的图案夹在框架部件上。可以使用遮蔽胶带保持图案面板与框架部件对齐。在胶水凝固后，取下图样，轻轻打磨整个磁铁板，

使其表面平滑。

16. 连接锁眼吊架

你需要一个与框架边缘齐平的衬块，我使用的衬块约 4 in×4 in（102 mm×102 mm）。找到框架顶边和衬块的中心，将边框和衬块的中心线对齐，把衬块粘到面板部件上。将吊架的轮廓绘制在衬块中心处（见第 116 页）。你需要直径⅝ in（16 mm）和⅜ in（9.5 mm）的平翼开孔钻头来钻取锁眼。

17. 表面处理

在完成的磁力板表面涂抹几层沃特科丹麦油。用毛巾涂抹第一层，然后用 400~600 目的湿 / 干砂纸擦拭后续几层。这样的磁力板会更加吸引人！

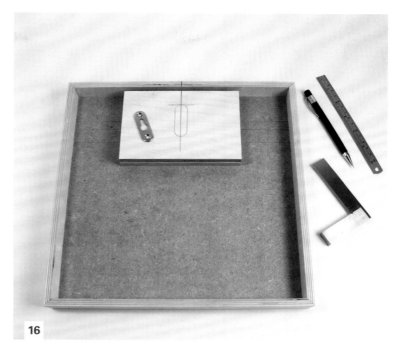

16

17

樱花磁力板

备选设计方案使用的是樱花剪影图案。樱花在不同的文化中，有不同的象征意义，包括了爱情、力量等，因为它只能短时间绽放，所以还象征着人生的无常。我将樱花图案分开设置在磁力板的两块框架面板上。当两块面板组合在一起时，整体就会呈现出动态的美感。

樱花磁力板图样
按照 300% 的比例复印

附录

　　你会注意到，我在书中使用了几种夹具，它们可以帮助你更有效地完成作品制作。接下来，我将向你介绍制作这些简单而有效的夹具的详细步骤。首先要介绍的是边缘打磨夹具，它可以使打磨过程不再烦琐。由于大多数作品需要精确切割，为了保证部件精确堆叠，我们需要使用直角对齐夹具，因此接下来我提供了制作直角对齐夹具的方法。为了保证斜接角的力量和美感，我同样提供了制作简单的台锯开槽夹具的详细步骤。所有这些夹具都是你在制作精致的作品时不可或缺的。我还为第33页的书签作品添加了其他11种中国的生肖图样。

边缘打磨夹具

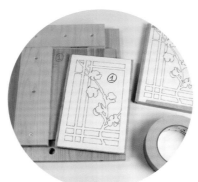

直角对齐夹具

台锯开槽夹具

边缘打磨夹具

该夹具是我为了满足快速准确的打磨需求设计的，这种打磨辅助夹具可以使木板边缘和端部的打磨变得简单，同时保持部件方正。制作夹具唯一要求是确保夹具部件方正、尺寸准确。机械角尺，也就是钢角尺，是一种可以帮助你的精密工具。

工具和材料

- 台锯
- 手持式电钻
- 钻头和埋头孔
- 木工螺丝，6 号 × ¼ in（6 mm）
- 双面胶带
- 钢角尺
- 喷胶
- 砂纸（目数可选）
- 夹子

切割清单

部件编号	数量	部件名称	尺寸	材料
1	1	基座	⅝ in × 6½ in × 12 in（16 mm × 165 mm × 305 mm）	胶合板/中密度纤维板
2	1	封边条	⅝ in × 2½ in × 12 in（16 mm × 64 mm × 305 mm）	胶合板/中密度纤维板

边缘打磨夹具的制作步骤

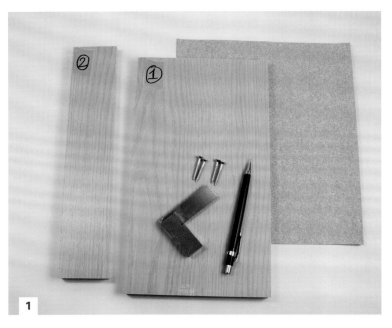

1

1. 准备材料

使用台锯将部件切割到所需长度和宽度，为了保持基座和封边条长度相同，可在台锯的斜角规上夹上止位块。确保所有部件都有方正的转角、边缘和末端。用钢角尺来检查部件是否方正。

2. 为底座边缘倒角

由于基座将会顶紧封边条，而且角落可能会被打磨的灰尘堵塞，因此，需要对基座的顶部内角进行倒角。现在你要做的就是偶尔刷一下通道。

3. 在封边条上钻孔

将基座的厚度值标记到封边条的外表面。沿该厚度的中线标记并钻取4个均匀间隔的埋头孔。使用废钢衬板防止镶边条被撕裂。

2

3

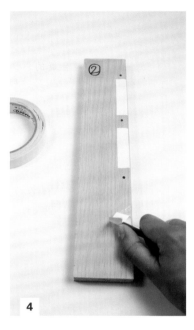

4

5

4. 在封边条上贴上双面胶带

为了使部件在安装 6 号 ×¼ in（6 mm）的木工螺丝时仍保持在正确的位置，请在封边条的内表面贴上几条双面胶带。不要让胶带超出基座顶部的厚度。将部件的末端对齐并压在一起，均匀施加夹紧力使部件充分黏合，之后迅速取下夹子。

5. 将封边条安装到基座上

使用合适的钻头，穿过之前制作的埋头孔在基座上钻取引导孔。把钢角尺放置在组件的边角检查其是否方正。拧入 6 号 ×¼ in（6 mm）的木工螺丝，进一步检查其是否方正。

6. 切割砂纸并将其粘贴到夹具上

切割一条所需目数的砂纸。在砂纸背面喷上喷胶，将其底部边缘固定在基座顶部倒角产生的通道中并压紧。如果需要更换砂纸，只需取下并安装新的砂纸。

6

直角对齐夹具

我想在堆叠部件时保证精确对齐。由于大多数作品依赖这种精确性，所以我设计出了这种简单而高效的直角对齐夹具。这个夹具制作容易，你需要的只是一些废木料。只需确保部件方正、尺寸准确。

工具和材料

- 台锯
- 手持式电钻
- 钻头和埋头孔
- 木工螺丝，6 号 × 1¼ in（32 mm）
- 双面胶带
- 钢角尺
- 砂纸或边缘打磨夹具
- 夹子

切割清单

部件编号	数量	部件名称	尺寸	材料
1	1	基座	⅝ in × 10 in × 12 in（16 mm × 254 mm × 305 mm）	胶合板/中密度纤维板
2	1	垂直木条	¾ in × 2 in × 8½ in（19 mm × 51 mm × 216 mm）	胶合板/中密度纤维板
3	1	水平条带	¾ in × 2 in × 7 in（19 mm × 51 mm × 178 mm）	胶合板/中密度纤维板

直角对齐夹具的制作步骤

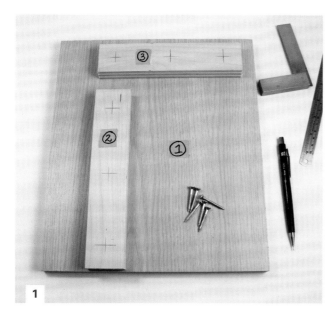

1. 切割部件

用台锯切割部件，水平木条要比垂直条短一些。沿两根木条的正面中线画出间隔均匀的标记，作为之后安装6号 ×1¼ in（32 mm）木工螺丝的中心。

2. 在木条带上钻孔

使用可快速更换钻头的电钻钻取埋头螺丝孔。这套钻头的优点在于，你可以轻松地将钻头更换为螺丝刀，只需简单地翻转支架上的钻头。

3. 垂直木条倒角

使用我们新制作的边缘打磨夹具对垂直木条的内角进行倒角。倒角可以防止一块木料上的毛刺掉落到需要进行堆叠的位置。

4. 在木条底面贴上双面胶带

就像之前在边缘打磨夹具中所做的那样，在两根木条底面粘上几条双面胶带，这有助于在拧紧螺丝时部件保持在正确的位置。

5. 将木条固定在基座上

将水平木条与基座的顶部边缘对齐，其末端距离基座右侧约 1 in（25 mm）。将垂直木条与水平木条的末端对齐，利用直角尺保持部件方正对齐，用夹子夹紧到位。在钻取引导孔时仍要保持直角尺位于正确的位置。安装螺丝完成固定。

台锯开槽夹具

这是一款为台锯开槽设计的简单夹具。这种台锯开槽夹具非常好用，可以为边角斜切提供必要的支撑。这是我的首选工具，因为它不仅具有强度，同时兼具美感，为制作漂亮的框架或盒子边角提供了保障。

工具和材料

- 台锯
- 斜切锯
- 气钉枪和钉子（可选）
- 夹子
- 木工胶
- 钢角尺
- 手持式电钻
- 钻头和埋头孔
- 木工螺丝，6号 ×1¼ in（32 mm）
- 砂纸

切割清单

部件	数量	部件名称	尺寸	材料
1	1	基座	¾ in × 8½ in × 12½ in（19 mm × 216 mm × 318 mm）	胶合板/中密度纤维板
2	2	托架木	¾ in × 3 in × 8½ in（19 mm × 76 mm × 216 mm）	胶合板/中密度纤维板

台锯开槽夹具的制作步骤

1. 准备材料

用台锯将部件切割到所需长度和宽度。为确保基座与托架木长度相同，要在台锯的斜定角规上夹上止位块。确保所有部件有方正的转角、边缘和末端。使用钢角尺检查部件是否方正。为部件编号。

2. 斜切托架木

在每根木条的底端进行斜切。你可以使用台锯将刀片倾斜 45° 进行切割，不过使用斜切锯切割更加方便。

3. 标记 2-1 号木条的厚度

从基座的顶部边缘向下约 2¼ in（57 mm）的处定位 2-1 号木条。找到基座的中线，将 2-1 号木条居中放置，斜接面与基座的底部边缘平齐。使用钢角尺确保部件齐平，将 2-1 号木条固定到位并在基座上标记其厚度。

4. 黏合 2-1 号木条

在厚度线内涂抹一层木工胶。重新放上 2-1 号木条并夹紧到位。为了加快这个过程，可以在基座背面钉入几根无头钉。用快速夹夹紧部件。

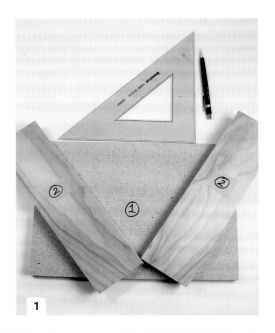

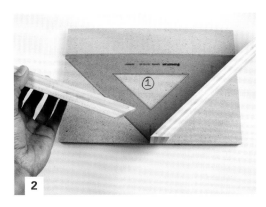

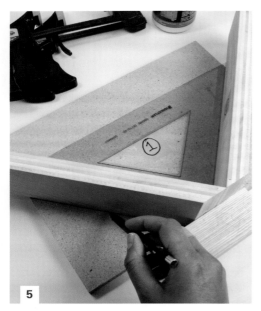

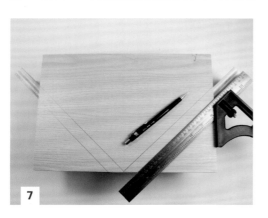

5. 标记 2-2 号木条

待到 2-1 号木条的胶水凝固，就可以将 2-2 号木条放置到位了。同样使用钢角尺帮助定位 2-2 号木条，使其斜接面与基座的底部边缘平齐，将其按住并在基座上标记厚度。

6. 黏合 2-2 号木条

在 2-2 号木条的厚度线内涂抹几滴胶水。一旦部件就位，上下滑动木条，使一些胶水粘到木条上。使用钢角尺重新定位木条。夹紧到位。检查两根木条是否成直角。

7. 在背面标记木条的厚度

待胶水凝固，使用组合角尺将木条的厚度线画到基座背面。这些线将为用螺丝连接基座与木条提供准确定位。

8. 将木条拧到基座上

使用手持式电钻制作埋头孔，保持间隔均匀，并通过基座上厚度线的中线钻入木条中。使用 6 号 ×1¼ in（32 mm）的木工螺丝将部件固定在一起。打磨埋头孔的周围除去毛刺。

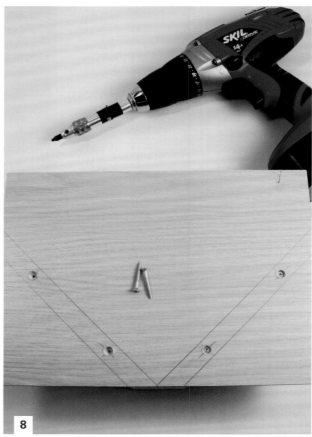

更多书签图样

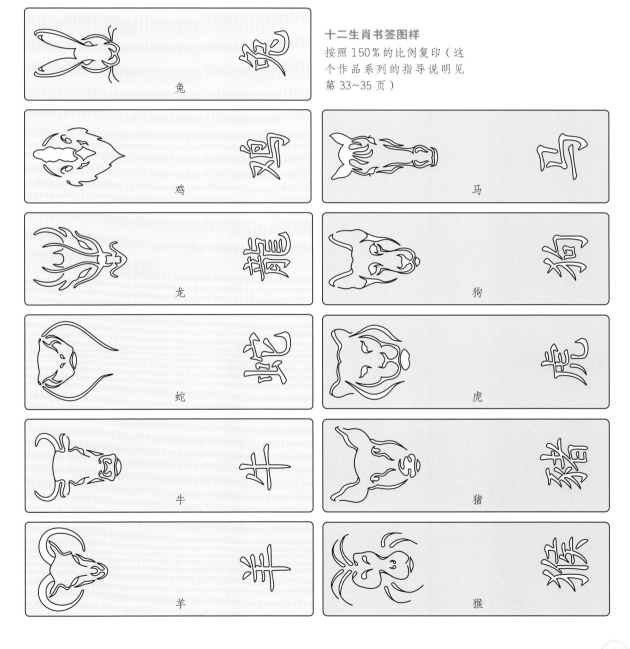

十二生肖书签图样
按照 150％ 的比例复印（这个作品系列的指导说明见第 33~35 页）

兔

鸡

龙

蛇

牛

羊

马

狗

虎

猪

猴

格木文化

格木文化——北京科学技术出版社倾力打造的木艺知识传播平台。我们拥有专业编辑、翻译团队，旨在为您精选国内外经典木艺知识、汇聚精品原创内容、分享行业资讯、传递审美潮流及经典创意元素。

· · · · · ·

北科出品，必属精品；北科格木，传承匠心。